装备科技译著出版基金

自修复材料(第2版)

Self – Healing Materials: From Fundamental
Concepts to Advanced Space and Electronics Applications
(2nd Edition)

[加] 卜拉欣·艾萨(Brahim Aïssa)
埃米尔·哈达德(Emile Haddad) 著
韦斯·R. 贾姆罗斯(Wes R. Jamroz)

张为鹏 郭惠丽 薛 超 译
陈新兵 慕伟意 审校

国防工业出版社
·北京·

内 容 简 介

自修复材料是一类新兴的智能材料,能够自发修复,或在光、热或溶剂等的刺激下自我修复。本书面向学术界和工业界的研究人员,涉及应用范围广泛的自修复材料和工艺,重点介绍了这类材料在太空环境中的性能。

本书为第2版,对第1版进行了修订、扩展和升级,阐述了自我修复过程的关键概念,从它们在自然界中的出现,到学术界和工业界研究的最新进展。本书包括对各种材料和应用的详细描述和解释,如聚合物、防腐、智能涂料及碳纳米管。着重介绍了这类材料的空间特性,包括真空、热梯度、机械振动和空间辐射等恶劣环境条件。本书还介绍了控制自修复材料以减轻空间碎片等领域的创新性成果。最后,本书对自修复材料的未来发展和应用进行了全面展望。

本书适合新材料等领域设计人员、研究人员和工程人员阅读,也可作为材料专业本科生、研究生的专业教材和参考书。

著作权合同登记　图字:01 – 2023 – 2626 号

图书在版编目(CIP)数据

自修复材料:第2版/(加)卜拉欣·艾萨,(加)
埃米尔·哈达德,(加)韦斯·R. 贾姆罗斯著;张为鹏,
郭惠丽,薛超译. —北京:国防工业出版社,2024.8.
ISBN 978 – 7 – 118 – 13426 – 1

Ⅰ. TB381

中国国家版本馆 CIP 数据核字第2024PL4211 号

Self – Healing Materials: From Fundamental Concepts to Advanced Space and Electronics Applications(2nd Edition)
by Brahim Aïssa, Emile Haddad and Wes R. Jamroz
ISBN:978 – 1 – 78561 – 992 – 2
Original English Language Edition Published by The IET, Copyright 2019, All Rights Reserved
本书简体中文版由 IET 授权国防工业出版社独家出版发行。
版权所有,侵权必究。

※

国防工业出版社出版发行
(北京市海淀区紫竹院南路23 号　邮政编码100048)
三河市天利华印刷装订有限公司印刷
新华书店经售
＊
开本710×1000　1/16　印张11　字数184 千字
2024 年8 月第1 版第1 次印刷　印数1—1500 册　定价130.00 元

(本书如有印装错误,我社负责调换)

| 国防书店:(010)88540777 | 书店传真:(010)88540776 |
| 发行业务:(010)88540717 | 发行传真:(010)88540762 |

译者序

材料技术一直是世界各国科技发展规划中一个十分重要的领域，它与信息技术、生物技术、能源技术一起，不论在当今社会还是今后相当长时间内，都决定着人类社会的发展水平。材料技术也是一个国家国防力量最重要的物质基础，新材料的研究和开发对国防工业和武器装备的发展起着决定性的作用。为了提升我国新材料的基础支撑能力，实现我国从材料大国到材料强国的转变，我国先后颁发《中国制造2025》《"十四五"国家战略性新兴产业发展规划》等一系列纲领性文件与指导性文件。具体从战略材料、先进基础材料和前沿新材料3个重点方向展开。前沿新材料包括石墨烯、金属及高分子增材制造材料、形状记忆合金、自修复材料等。

自修复材料是智能材料的一个重要分支。智能材料指具有感知环境刺激，并对之进行分析、处理、判断，并采取一定措施进行响应的一类材料。智能材料被认为是继天然材料、合成高分子材料、人工设计材料之后的第四代颠覆性材料，智能材料的大规模应用，将导致材料科学发生重大革命，影响人类生活的方方面面。

自修复材料的设想可以追溯到20世纪60年代，然而其在技术上的突破直到21世纪才得以凸显。自修复的核心是能量补给和物质补给、模仿生物体损伤愈合的原理，就像伤口愈合一样，使复合材料对内部或者外部损伤能够进行自修复，增强材料的强度和延长使用寿命。修复过程的物质补给由流体或者添加有固体粉末的流体提供，能量补给通过化学作用完成。被誉为"科幻级""神奇"材料的自修复材料能够在受到损伤后自发或借助外界刺激实现损伤的修复，不但延长了材料的使用寿命、降低维护成本和减少原料浪费，更重要的是，修复功能提高了材料性能的可靠性。自修复材料不仅具有经济效益，也对环境友好型生态的发展具有潜在价值。我们惊叹于自修复材料神奇的自修复功能，同时发现，这种提高材料的利用率、延长材料使用寿命的技术具有无可比拟的优势，对于节约资源、实现可持续发展战略具有重大意义。

近年来，美国、英国、德国、日本等国家已相继开发出可修复陶瓷材料、自愈合玻璃、自修复涂料、自愈合形状记忆聚合物等多种自修复材料。我国成功研制的自修复绝缘材料、具有自修复功能的超分子凝胶、多功能表皮状自修复涂层等频见报道。自修复材料作为重要的新材料,有望解决传统方法无法解决的技术难题,在一些重要工程和尖端技术领域具有巨大的发展前景和应用价值。自修复材料的实用化可提高航空、航天和国防武器的安全性能。随着自修复技术的快速发展,各式各样的自修复材料必将在建筑、机械、电子、汽车、航天、国防等领域广泛应用。可以预见,自修复功能将为未来人造材料设计思路带来创新性的变革。相信不久的将来,它将会为全人类带来一场技术革命。

本书融专业性、前沿性和实用性为一体,具有以下特性:

(1)极强的专业性、学术性。本书介绍了一种非常前沿的材料技术。详细描述了最新空间应用的自修复系统,并介绍了该系统中,复合材料在模拟轨道碎片的超高速撞击下的自我修复的效果和修复机理,理论水平高,学术思想新颖。

(2)极高的实用性。本书独辟蹊径,别具特色,将自修复技术理论与实践相结合,详细介绍了空间应用的自修复系统,对新材料的开发——尤其对空间领域的新材料开发,具有积极的指导作用。

(3)极突出的先进性。不论国外还是国内,系统介绍自修复材料的专著非常少。对于系统性地专门介绍自修复材料特性及其空间应用的专著,目前国内市场尚未发现。本书的引进,希望填补国内这一专业领域的空白。

《自修复材料》(第2版)是加拿大材料专家 Brahim Aïssa 教授等的一部最新著作。主要介绍了自修复材料及其应用,特别强调了自修复系统在太空中的使用。除了概述该领域的主要工作外,本书还提供了介绍性材料。该书分10章。第1章详细介绍了各种自修复过程的一般概念;第2~5章回顾了自然自修复系统以及基于聚合物和复合材料的系统;第6章回顾了在先进制造工艺上获得的试验结果;第7章详细介绍了空间应用的自修复系统;第8章围绕复合材料在模拟轨道碎片的超高速撞击下的自我修复展开;第9章涉及使用光纤传感器监测和自我修复材料减轻空间小碎片对空间复合材料缠绕的高压容器(COPV)的影响;第10章是对未来发展的展望和应用。作者从基本概念入手,由浅入深、逐层深入地介绍自修复材料及其未来的发展和应用,结构清晰。

本书原著于2019年由英国工程技术学会(IET)出版。编著者卜拉欣·艾萨教授是瑞士洛桑联邦理工学院(EPFL)的客座教授、加拿大魁北克省蒙特利尔市 MPB 通信公司空间与光电子部的首席科学家,拥有材料和能源科学博士学位。他的研究领域集中于先进纳米结构材料的生长、合成、加工、表征及应用,自修复材料领域的研究涉及化学、材料学、力学等多学科交叉。

全书共10章。其中,第1章由薛超翻译;第2~5章由郭惠丽翻译;第6~10章由张为鹏翻译;陈新兵、慕伟意进行了全书的审校。

在此感谢装备科技译著出版基金的资助；感谢西安近代化学研究所各级领导、多位同事，尤其是郭峰主任对本译著提供的巨大帮助！

译著在忠于原文的基础上，力求深入理解原著涉及的技术概念，由于本书内容属于跨学科范畴，因此，译者对一些不太容易接触到的概念进行了注释。限于译者知识和认识的局限，加之自修复材料作为一个较新的领域，所涉及的知识结构宽泛，本书翻译难免有不妥之处，希望读者予以指正，译者在此表示衷心感谢。

译者衷心希望本书能够对从事自修复技术领域的研究人员有所帮助，促进我国自修复技术的发展，并加速其实际应用。

译者

2024年1月

前言

在未来有应用前景的复合结构材料领域中,自修复材料的开发增长迅速。在过去的几十年里,人们对可以自修复的材料产生了浓厚的兴趣,因为这种特性可以延长材料的使用寿命、降低更换成本,并提高产品安全性。自修复系统可由多种聚合物和金属材料制备。

本书致力于介绍自修复材料及其应用。重点介绍了太空使用的自修复系统。除了概述该领域的主要工作外,本书还对这类材料进行了简介,目的是让不熟悉该主题的读者更好地理解,当然,本书更针对的是该领域学术界和工业界的专家。本书是基于作者们的专业知识以及他们在过去10年中开展的工作撰写而成。

第1章详细介绍了各种自修复过程的一般概念。第2~5章回顾了天然的自修复系统以及基于聚合物和复合材料的自修复系统;第6章回顾了在先进制造工艺方面获得的试验结果;第7章详细介绍了在太空应用的自修复系统;第8章围绕在模拟轨道碎片的超高速撞击下的复合材料的自修复而展开;第9章涉及使用自修复材料减缓空间小碎片对空间复合材料缠绕的高压容器(COPV)的影响,以及采用光纤传感器对该过程的监测;第10章是总结,展望了这类材料未来的发展和应用。

本书作为第2版,在修订时参照了大量最新的已发表文章和会议报告介绍的研究结果。我们希望本书能让所有涉及自修复材料研究的人员获益匪浅——不论是该领域初出茅庐的新手还是富有经验的最终用户。当然,我们的目的还在于引发这一领域的探讨,并强化读者对多学科研究方法在这一领域中的重要性认识。

目录

第1章 概论 ... 1
参考文献 ... 5

第2章 自然界中的自修复系统和自修复过程 ... 7
2.1 研究历程 ... 7
2.2 生长和功能的自适应 ... 9
2.3 层次结构 ... 12
2.4 自然界中的自清洁和自修复能力 ... 13
    2.4.1 自清洁 ... 13
    2.4.2 损伤和痊愈 ... 13
    2.4.3 皮肤的生物性伤口愈合 ... 14
参考文献 ... 14

第3章 修复机理的理论模型 ... 17
3.1 第一级模型 ... 17
3.2 有限元分析建模示例(ANSYS 代码) ... 20
3.3 三级模型 ... 24
参考文献 ... 26

第4章 聚合物和复合材料的自修复 ... 27
4.1 微胶囊 ... 27
    4.1.1 微胶囊的大小和材质对自修复反应性能的影响 ... 27
    4.1.2 疲劳裂纹的阻滞 ... 32
    4.1.3 分层基板 ... 32
4.2 修复剂/催化剂系统的选择 ... 34
    4.2.1 修复剂 ... 34
    4.2.2 开环复分解聚合催化剂 ... 35
4.3 不含催化剂的环氧树脂/固化剂和包封用溶剂系统 ... 37
    4.3.1 环氧树脂/固化剂系统 ... 37
    4.3.2 包封用溶剂 ... 38
4.4 中空玻璃纤维系统——双组分环氧树脂 ... 40

4.5　微脉管型网络系统 ………………………………………………… 42
　　4.6　金属结构的自修复涂层 …………………………………………… 44
　　参考文献 …………………………………………………………………… 45

第5章　自修复评估技术 ………………………………………………… 53
　　5.1　三点和四点弯曲试验方法 ………………………………………… 55
　　5.2　锥形双悬臂梁试验 ………………………………………………… 56
　　5.3　冲击后的压缩试验 ………………………………………………… 59
　　5.4　四点弯曲试验和声发射试验联测 ………………………………… 59
　　5.5　动态冲击方法 ……………………………………………………… 60
　　　　5.5.1　落锤冲击压痕试验 ………………………………………… 60
　　　　5.5.2　高速弹道弹丸冲压试验 …………………………………… 60
　　　　5.5.3　超高速撞击试验 …………………………………………… 61
　　5.6　用于自修复检测的光纤布拉格光栅传感器 ……………………… 61
　　参考文献 …………………………………………………………………… 64

第6章　先进制造工艺回顾 ……………………………………………… 66
　　6.1　钌-Grubbs催化剂 …………………………………………………… 66
　　　　6.1.1　脉冲激光沉积技术 ………………………………………… 66
　　　　6.1.2　钌-Grubbs催化剂脉冲激光沉积靶材的试验制备 ……… 69
　　　　6.1.3　试验结果 …………………………………………………… 69
　　6.2　埋植中空纤维的自修复复合材料的修复能力 …………………… 74
　　　　6.2.1　用修复剂填充毛细管的详细步骤 ………………………… 75
　　　　6.2.2　中空纤维 …………………………………………………… 75
　　　　6.2.3　使用ENB修复剂材料进行毛细管填充 …………………… 76
　　　　6.2.4　用中空纤维修复 …………………………………………… 77
　　6.3　聚三聚氰胺-脲-甲醛树脂壳体内包封的ENB修复剂 …………… 79
　　　　6.3.1　聚脲醛树脂壳体中ENB的稳定性 ………………………… 79
　　　　6.3.2　用聚三聚氰胺-脲-甲醛树脂壳体制备ENB微胶囊 …… 81
　　　　6.3.3　包封ENB修复剂的聚脲醛树脂和聚三聚氰胺-
　　　　　　　脲-甲醛树脂外壳的露天环境稳定性比较 ………………… 84
　　6.4　用ENB单体与单壁碳纳米管构建微脉管型网络结构 …………… 84
　　　　6.4.1　试验步骤 …………………………………………………… 84
　　　　6.4.2　结果和讨论 ………………………………………………… 85
　　　　6.4.3　三维微脉管网络和自修复测试的设计思路 ……………… 90
　　参考文献 …………………………………………………………………… 93

第7章 空间环境的自修复 … 96
7.1 空间环境中自修复反应的挑战 … 98
7.2 空间应用方法 … 101
7.2.1 使用微胶囊进行自修复 … 102
7.2.2 使用碳纳米管进行自修复 … 102
7.2.3 陶瓷的自修复 … 103
7.2.4 再入飞行器的自修复 … 103
7.2.5 自修复泡沫 … 103
7.2.6 在自修复结构中集成传感功能 … 104
7.2.7 自修复涂层 … 104
7.2.8 电绝缘材料的自修复 … 104
7.2.9 泡沫层包覆的导体 … 105
7.2.10 其他自修复产品 … 105
7.3 太空中的材料老化和降解 … 108
7.3.1 机械老化 … 108
7.3.2 陨石和小碎片 … 111
7.3.3 原子氧效应 … 115
7.3.4 真空效应 … 120
7.3.5 空间等离子体 … 125
7.3.6 热冲击 … 125
7.3.7 除气 … 126
参考文献 … 127

第8章 模拟轨道空间碎片抗撞击试验的自修复能力 … 132
8.1 树脂和碳纤维增强塑料的自修复研究 … 133
8.1.1 树脂样品的制备 … 133
8.1.2 环氧树脂基样品高速撞击试验的验证 … 134
8.1.3 高速撞击下碳纤维增强聚合物样品的自修复 … 136
8.2 超高速撞击下碳纤维增强聚合物样品的自修复 … 137
8.2.1 样品制备 … 137
8.2.2 超高速撞击试验 … 138
8.2.3 超高速撞击后碳纤维增强聚合物样品厚度的研究 … 140
8.2.4 三点弯曲试验 … 142
8.2.5 碳纳米管材料的阻尼效应 … 144
8.3 使用光纤布拉格光栅传感器进行超高速测量 … 144

8.4	小结	147
	参考文献	148

第9章 利用光纤传感器监测和自修复材料减轻空间小碎片
对空间复合材料缠绕压力容器的影响 ……………… 149

9.1	研究方法	150
9.2	试验结果	154
9.3	修复验证	158
9.4	小结	159
	参考文献	159

第10章 结论和展望 ……………………………………… 161

参考文献 …………………………………… 163

第1章

概　论

　　太空任务的一个主要挑战是：所有材料都会随着时间的推移而降解，并容易产生磨损，特别是在极端环境中和受到外部冲击时。尤其当处于低地球轨道时，微流星体和轨道碎片对轨道卫星、航天器和国际空间站构成持续的危险。空间碎片包括所有非功能性的人造物体和碎片。随着碎片数量的不断增加，可能导致潜在损害的碰撞概率也会随之增加。因此，在空间结构的生命周期内，撞击事件是不可避免的，一旦损坏就很难修复。

　　太空任务的一个独特挑战是：设计稳健，不需要在轨维修，这是设计的内在要求。此类太空任务的维修或服务活动通常属于例外，如哈勃太空望远镜（哈勃太空望远镜，以美国著名天文学家 Edwin Powell Hubble 命名，是在轨道上环绕着地球运行的望远镜。在其服役的 20 年中，共经历过 5 次维护。译者注），或者 2005 年美国航空航天局（NASA）的重返太空任务（执行任务 STS－114。2003 年 2 月 1 日美国东部时间上午 9 时，美国"哥伦比亚"号航天飞机在得克萨斯州北部上空解体坠毁，7 名宇航员全部遇难。"发现"号航天飞机原定于 2005 年 7 月 13 日执行 STS－114 任务，是"哥伦比亚"号航天飞机在 2003 年坠毁之后，NASA 首度恢复进行的航天飞机飞行任务，因此称为重返太空任务。但却由于机械故障因素，经修复后而推迟至 2005 年 7 月 26 日发射升空执行 STS－114 任务。译者注）期间进行的维修或服务活动都是属于例外。此类维修或服务活动需要宇航员以及大量的准备工作，即使由太空机器人执行，成本也非常昂贵。长期的任务以及航天器和人类探索者规模的扩张，是采用的容错空间材料升级的主要原因。在其中的许多任务中，修复这类材料几乎是不可能的。

　　在过去的 20 年里，科学技术的进步催生了众多具有独特性能的材料，这些材料满足了前所未有的应用。这些新材料及其应用形成了材料科学的一个新分支，即自修复材料。

　　此外，自修复这种功能在地面鉴定测试期间也发挥了作用，提高了系统的可靠性，并且增加了成功通过鉴定测试组件的比率。即使在发射的恶劣条件下产生的小裂缝也可以在飞行过程中自行修复。

用于各种空间应用的聚合物复合材料容易受到机械、化学、热、紫外线辐射或这些因素的组合引起的损坏[1]。当用作结构材料的聚合物复合材料损坏时，只有少数几种方法可以尝试延长其功能寿命。材料的失效通常从纳米级别的损伤开始，然后蔓延到微观，再到宏观，直到发生灾难性失效。理想的解决方案是阻止和消除发生的纳米/微米级损伤，并恢复到初始材料的特性。

理想的修复方法是可以直接在受损部位快速有效地执行，从而无需移除组件进行修复。但是，还必须考虑损伤模式，因为对一种模式有效的修复策略可能对另一种模式完全无用。例如，可以通过用树脂以密封裂缝来修复基体开裂，而纤维断裂则需要更换新纤维或织物补片以恢复强度[2-3]。

由于材料内部深处的损坏难以察觉和修复，因此最好拥有具有本征型自我修复能力———一种仿生自愈功能的材料。事实上，自修复材料可能是合适的解决方案。然而，由于太空环境的条件恶劣，这种方法并不容易现场实施。

动植物中许多天然存在的器官(组织)都具有这种自愈功能[4-8]。例如，皮肤伤口愈合时，缺损会被纤维蛋白凝块暂时堵塞，纤维蛋白凝块被炎症细胞、成纤维细胞和新肉芽组织的致密毛细血管丛渗透。随后，成纤维细胞的繁殖、伴随着新的胶原蛋白合成和疤痕组织重塑成为关键步骤。

类似的过程发生在骨折的愈合中。愈合过程包括内出血形成纤维蛋白凝块、形成无组织的纤维网格、纤维软骨钙化和钙化转变为纤维性骨和板骨。显然，生物体的自然愈合取决于修复物质向受伤部位的快速运输和组织的重建。受到这些发现的启发，现在正在不断努力模仿天然材料，并将自修复能力整合到聚合物和聚合物复合材料中[5-7]。因此，使用它们固有的可用资源，自修复材料表现出自我修复和恢复功能的能力。无论修复过程是自主的还是外部辅助的(如通过加热)，恢复过程都是由材料损伤触发的。自修复材料为实现更安全、更耐用的产品和组件提供了一条新途径。这一进展开启了智能材料的新领域[8-9]。

断裂表面早期的修复方法之一是"热板"焊接，其中的聚合物条块在材料的玻璃化转变温度以上与之接触，并且使这种接触保持足够长的时间，以便在裂纹面上发生相互扩散，使之恢复到材料的强度。然而，已经证实，焊缝的位置仍然是材料中的最薄弱点，因此是未来发生损坏的最可能位置[10-11]。

对于层压复合材料，树脂注射法通常用于修复以分层形式出现的损坏。然而，如果这种注射树脂不容易到达裂缝，就可能出现问题。对于层压复合材料中的纤维断裂，通常使用补片来恢复材料的某些强度。通常，补片与树脂注射联合使用，以尽可能恢复最大强度[12]。这些修复方法都不是解决结构复合材料损坏的理想方法,只是延长材料使用寿命的临时解决方案,并且这些修复策略中的每一个都需要监控损伤,并且需要人工干预。由于需要定期维护和服务,大大增加了材料的成本。因此,这些方法的替代修复策略引起了极大的关注。

此外,随着聚合物和复合材料越来越多地用于空间、汽车、国防和建筑行业的结构应用,已经开发并采用了几种技术来修复可见或可检测的损伤。然而,这些传统的修复方法效果并不理想,如在其服役寿命期间修复结构内不可见的微裂纹时。为了解决这种方案的技术缺陷,在20世纪80年代[13]提出了"自修复"聚合物材料的概念,作为修复不可见微裂纹的一种手段。Dry和Sottos[14]的早期研究发表于1993年,此后White等[9]也就此领域进行了研究。2001年,这类材料及其应用的兴趣进一步被激发。美国空军[15]和欧洲航天局[16]对自修复聚合物的投资就是这种兴趣的例证。

从概念上讲,自修复材料具有在损坏后显著恢复其力学特性的内置功能。这种恢复可以自主发生和/或在施加特定刺激(如热、辐射、压力等)后被激活。因此,这些材料有望大大提高聚合物组件的安全性和耐用性,而无需主动监测或外部维修的高成本。在开发这种新型智能材料的整个过程中,模仿生物系统是这种灵感的来源[17]。

自修复材料的典型例子可以在聚合物、金属、陶瓷及其复合材料中找到,这些材料遵循各种修复原理。修复可以通过外部能量源引发,就像子弹穿透展示的情况所示[18],此时,由于弹道冲击造成材料的局部加热,使离聚物自我修复。对于汽车工业中使用的自修复涂料,可以通过太阳能加热来修复小的划痕[19]。如果温度升高到玻璃化转变温度以上,在室温下聚甲基丙烯酸甲酯样品中形成的单个裂纹也可以完全恢复[10,13,20]。力学敏感聚合物中非共价氢键[21]的存在可以使主要化学键重新排列,以便它们可用于自修复。然而,非共价过程可能会限制结构材料的长期稳定性。力诱导的共价键可以通过在聚合物链中引入力响应基团(力学敏感的化学基团,又称力敏团。译者注)来激活[22]。数值研究还表明,纳米级凝胶颗粒通过稳定和不稳定的键在宏观网络中相互连接,具有用于自修复应用的潜力。在力学载荷下,不稳定的键断裂并再次与其他活性基团结合[23]。还研究了接触方法,其中通过烧结过程激活受损样品的自修复,这种方法增加了颗粒之间的接触附着力[24]。尽管这些方法非常有趣,但自修复应用最有前途的方法包括使用纳米/微米颗粒[25]、空心管和纤维[26]、微胶囊[9]、纳米容器[27]或微流体通道系统[28]以及填充流体修复剂(如用于复合材料的环氧树脂[29]、用于涂层的腐蚀抑制剂[30]等),并分散在主体材料中。当周围环境发生温度、pH值、裂缝或冲击等变化时,就会释放修复剂。

因此，修复的功效通过损伤率与修复率的平衡来控制。材料的损伤率由外部因素决定，如加载频率、应变率和应力幅值。然而，可以通过改变试剂浓度或温度等，来改变反应动力学，以定制或调整修复速度，用以适应特定的损伤模式。因此，自修复的目标是通过平衡修复率和损伤率来实现物质状态的平衡。

近年来，涉及自修复材料各个方面的出版物数量显著增加。图 1.1 显示了自 2001 年以来自修复领域的各种文章被引用的数量是如何稳步增加的，来源于 Engineering Village 数据库收集的数据[31]。随着该领域出版物数量的增加，需要进行全面审视，本书的目标就是为了满足这一需求。

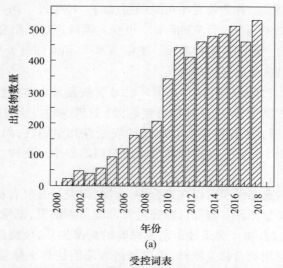

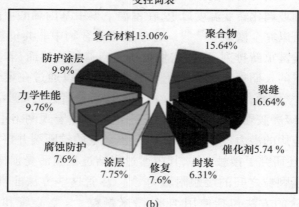

图 1.1 自修复相关出版物和关键词汇分布（统计数据跨度为 2000—2013 年[31]）
(a)近期与自修复材料领域相关的参考出版物；(b)所用关键词词汇的分布
（包括所有语言的出版物、所有文件类型如期刊和会议论文、综述性报告、会议录和专著的章节）。

此外，绝大多数被研究的文章都涉及聚合物复合材料。由于涉及的文章数量众多，而且许多会议论文集都无法通过电子方式访问，因此本综述的重点来自更容易获得的期刊论文。涵盖所有已发表的文章是不切实际的，但我们尝试在每个相关类别中选择具有代表性的文章。

总的来说，该领域的研究还处于起步阶段。越来越多的科学家和公司对该主题的不同方面表示出兴趣。相关机制的新型测试方法和新知识不断涌现。根据修复方法，自修复聚合物和聚合物复合材料可分为两类：①能够通过聚合物本身修复裂缝、裂纹的本征型自修复材料；②必须预先植入修复剂的外援型自修复材料。

本书首先描述了自修复方法，并评估不同自修复方法的效能。此后讨论了一些修复热塑性系统的不同方法的示例，然后介绍了热固性系统自修复的制备和表征。特别讨论了自修复在太空系统的应用。最后，本书还提出了未来研究的方向。

本书是基于作者的专业知识和过去10年开展的开创性工作编写而成。希望不论是不熟悉该主题的读者，还是目前耕耘于在该领域的学术界和工业界的专家，对本书都会兴趣盎然，且受益匪浅。

参考文献

[1] C. B. Bucknall, I. C. Drinkwater and G. R. Smith, *Polymer Engineering and Science*, 1980, **20**, 6, 432.

[2] B. Aïssa, D. Therriault, E. Haddad and W. Jamroz, "Self – Healing Materials Systems: verview of Major Approaches and Recent Developed Technologies", *Advances in Materials Science and Engineering*, 2012, **2012**, Article ID 854203.

[3] E. Haddad, R. V. Kruzelecky, W. P. Liu and S. V. Hoa, *Innovative Self – repairing of Space CFRP Structures and Kapton Membranes: A Step Towards Completely Autonomous Health Monitoring & Self – healing*, Final Report, Contract No: CSA 28 – 7005715, Canadian Space Agency, Saint – Hubert, Quebec, Canada, 2009.

[4] R. S. Trask, H. R. Williams and I. P. Bond, *Bioinspiration and Biomimetics*, 2007, **2**, 1, P1.

[5] G. W. Hastings and F. A. Mahmud, *Journal of Intelligent Material Systems and Structures*, 1993, **4**, 4, 452.

[6] P. Martin, *Science*, 1997, **276**, 5309, 75.

[7] A. I. Caplan in *Ciba Foundation Symposium 136 – Cell and Molecular Biology of Vertebrate Hard Tissues*, Eds., D. Evered and S. Harnett, Wiley, New York, NY, 1988, p. 3.

[8] S. F. Albert and E. Wong, *Clinics in Podiatric Medicine and Surgery*, 1991, **8**, 4, 923.

[9] S. R. White, N. R. Sottos, P. H. Geubelle, et al., *Nature*, 2001, **409**, 6822, 794.

[10] H. H. Kausch, *Pure and Applied Chemistry*, 1983, **55**, 5, 833.

[11] D. Liu, C. Y. Lee and X. Lu, *Journal of Composite Materials*, 1993, 27, 13, 1257.

[12] T. A. Osswald and G. Menges, *Materials Science of Polymers for Engineers*, Hanser Publishers, Munich, Germany, 2003.

[13] K. Jud, H. H. Kausch and J. G. Williams, *Journal of Materials Science*, 1981, **16**, 1, 204.

[14] C. M. Dry and N. R. Sottos, 'Passive smart self-repair in polymer matrix composites', *SPIE Proceedings Volume 1916*, *Smart Structures and Materials: Smart Materials*, Bellingham, Bellingham, WA, 1993, p. 438.

[15] H. C. Carlson and K. C. Goretta, *Materials Science and Engineering B: Solid-state Materials for Advanced Technology*, 2006, **132**, 1-2, 2.

[16] C. Semprimosching, Enabling Self-healing Capabilities - A Small Step to Bio-mimetic Materials, European Space Agency Materials, Report Number 4476, European Space Agency, Noordwijk, The Netherlands, 2006.

[17] S. Varghese, A. Lele and R. Mashelkar, *Journal of Polymer Science, Part A: Polymer Chemistry Edition*, 2006, **44**, 1, 666.

[18] R. J. Varley and S. van der Zwaag, *Acta Materialia*, 2008, **56**, 19, 5737.

[19] S. Van der Zwaag, Ed., *An Introduction to Material Design Principles: Damage Prevention versus Damage Management Self-Healing Materials*, Springer, Dordrecht and Noordwijk, The Netherlands, 2007.

[20] H. H. Kausch and K. Jud, *Plastics and Rubber Processing and Applications*, 1982, 2, 3, 265.

[21] R. P. Sijbesma, F. H. Beijer, L. Brunsveld, et al., *Science*, 1997, **278**, 5343, 1601.

[22] D. A. Davis, A. Hamilton, J. Yang, et al., *Nature*, 2009, **459**, 7243, 68.

[23] G. V. Kolmakov, K. Matyjaszewski and A. C. Balazs, *ACS Nano*, 2009, **3**, 4, 885.

[24] S. Luding and A. S. J. Suiker, *Philosophical Magazine*, 2008, **88**, 28-29, 3445.

[25] M. Zako and N. Takano, *Journal of Intelligent Material Systems and Structures*, 1999, **10**, 10, 836.

[26] S. M. Bleay, C. B. Loader, V. J. Hawyes, L. Humberstone and P. T. Curtis, *Composites Part A: Applied Science and Manufacturing*, 2001, 32, 12, 1767.

[27] D. G. Shchukin and H. Möhwald, *Small*, 2007, 3, 6, 926.

[28] K. S. Toohey, N. R. Sottos, J. A. Lewis, J. S. Moore and S. R. White, *Nature Materials*, 2007, 6, 8, 581.

[29] T. Yin, L. Zhou, M. Z. Rong and M. Q. Zhang, *Smart Materials and Structures*, 2008, 17, 1, 015019.

[30] S. H. Cho, S. R. White and P. V. Braun, *Advanced Materials*, 2009, 21, 6, 645.

[31] Engineering Village, Elsevier BV, The Netherlands, www.Elsevier.com/online-tools/engineering-village.

第 2 章

自然界中的自修复系统和自修复过程

天然系统,如具有生物活性的物体,具有感知、反应、调节、生长、再生和自我修复的能力。具有生物活性的物体主要由我们周围的动物体和植物体构成。在这些生命体中,细胞发挥作用,眼睛捕捉并识别光线,植物对光线作出反应,动物奔跑或飞行。对美好生活的追求,一直激励人类制造各种各样的材料和设备,从而让人类的生活越来越方便。天然的材料和结构的一个显著特性是它们具有自封闭和自修复的能力。许多动植物在受伤后会再生组织甚至整个器官。然而,生物修复过程通常很复杂,适应一个技术系统并不容易。化学以及微米级和纳米级制造技术的最新进展,使受生物启发的技术系统能够模仿许多特殊功能。例如,自清洁表面基于超疏水效应,使水滴轻松滚落,带走污垢和碎屑。这些表面的设计就是受到荷叶的疏水性微米和纳米结构所启发。

本章将验证最成功的策略,并讨论未来的研究方向、机遇和前景。作为案例,详细描述了人体伤口的自清洁现象和自愈过程。

2.1 研究历程

将生物系统作为结构进行研究可以追溯到 20 世纪初。D'Arcy W. Thompson 的经典著作[1]于 1917 年首次出版(指《On Growth and Form》一书。译者注),可以被认为是该领域的主要先驱著作。他将生物系统视为工程结构,并阐释了描述其形式的关系。20 世纪 70 年代,Currey 研究了种类繁多的矿化生物材料,并撰写了享誉世界的著作《骨》(《Bone》)[2]。另一项重要工作是 Vincent 的《结构生物材料》(《Structural Biomaterials》)[3]。事实上,生物结构是解决建筑[4]、空气动力学和机械工程[5-6]以及材料科学[7]中各种技术挑战的源源不断的灵感源泉。天然材料的组成元素相对较少,利用这些种类较少的元素却组成了多种多样的聚合物和矿物质。相反,人类发明史的特点是使用了许多元素。这导致具有特殊性质材料的发明,这些性能在自然界中是没有的。铜、青铜和铁的时代之后是以钢铁为基础的工业革命以及以硅半导体为基础的信息时代。所有这些材料都需要高温制造,生物有机体没有能力制造它们。尽管如此,利用较少的基础物质,大自然却开发出了具有非凡功能特性的、多种多样的材料。重要的是,天然材料具有复杂的、通常是分层的结构[7-9],这是因为它们是根据存储在基因中的"菜谱"生长的,而不是通过精确设计制造的。

这就是为什么生物结构的设计方法不能立即应用于新型工程材料设计的原因(表2.1)[10]。第一个主要区别在于元素的选择范围,对工程师来说,选择范围要大得多。铁、铬和镍等元素在生物组织中罕见,当然不会像钢一样以金属的形式利用。例如,铁作为与蛋白质血红蛋白结合的离子存在于红细胞中,其功能当然不是机械的,而是化学的。自然界使用的结构材料大多是聚合物或聚合物与陶瓷颗粒的复合材料。这种材料通常不会是工程师建造坚固耐用的机械结构的首选材料。然而,大自然却用它们建造树木和骨骼。第二个主要区别是材料的制造方式。当工程师根据精确的设计选择一种材料制造零件时,大自然却反其道而行之,利用生物控制的自组装原理来生长材料和整个有机体(植物或动物)。这控制了所有层次结构级别的材料结构,并且无疑是成功使用聚合物和复合材料作为结构材料的关键。

表2.1 生物材料与工程材料示例

生物材料	工程材料	参考文献
轻、软元素占主导地位: H、C、N、O、Ca、P、S、Si 等	多种元素: Co、Ni、Fe、Cr、Ag、Al、Si、C、N、O 等	[7-10]
生长过程由生物自组装控制(近似设计)	熔体、粉末、溶液等制造(精确设计)	[8,10]
所有尺度水平都是层级结构 形式和结构与功能适应	材料的零部件和 微纳米结构按功能选材	[8,10] [7-10]
建模和重塑:适应不断变化的 环境条件的能力	安全设计(考虑可能的 最大负载及疲劳)	[10]
修复:自修复能力分子水平的自组装	粒子自组装(大批粒子自组装成 热力学稳定体系)	[10]
清洁:自清洁能力	用大带隙材料的光催化效应, 用阳光的紫外线分解污染物	[44-45]
光合作用:利用阳光从 CO_2 和 H_2O 分子制造葡萄糖	利用阳光、光伏系统收集能量	
黏性(植物粘在衣服上)	魔术贴材料	[11]

生物灵感不仅是观察自然发生结构的结果。原因是自然界有许多我们事

先并不知道边界条件,这些条件对于特定结构的发展可能至关重要。总之,生物材料和工程材料是通过选择不同的基本成分和不同制造方式决定的。因此,采用不同的策略才能达到预期的性能(表2.1)。构建一个与自然相似的完整工程系统,需要仔细研究生物系统,并了解生物材料的结构与功能关系。必须在现有的物理和生物限制的背景下考虑这种方法。设计仿生材料时,经常从模仿自然中获得灵感,其复杂程度并不相同。最简单的层面是专注于一种自然功能,并开发专门执行这种特定功能的工程材料。目前,很多材料正在根据这种观点来开发;然而,在考虑商业层面之前,需要解决许多技术挑战。第一个成功的例子是魔术贴材料(魔术贴又名粘扣带或吱啦扣,是衣物上常用的一种连接辅料,分子母两面:一面是细小柔软的纤维,另一面是较硬带钩的刺毛,广泛用于服装、鞋帽、各种运动器材、日用工具等。译者注)的开发。1948年,瑞士工程师George de Mestral最初观察到牛蒡植物的毛刺对他的衣服具有黏着效果。这种技术于几年后(1955年)获得产品专利,并于1959年将其商业化[11]。

另一个成功的例子是使用含修复剂和催化剂的微胶囊,以修复复合材料中的裂纹。1971年,Chauvin等首先证明了这些基于复分解反应的过程[12]。但是,当时缺少合适的催化剂。直到1990年,美国麻省理工学院的Schrock才开发出第一种能够在真空中工作的催化剂,而Grubbs花了几年时间,开发出一种在空气中稳定并可以生产最终产品的商业金属化合物催化剂。复分解工艺现在主要用于药物和先进塑料材料的开发[12]。

2.2 生长和功能的自适应

生长是一个敏感的过程,会受到许多外部条件的影响,包括温度、机械载荷以及光照、水或营养的供应[1]。一个有生命的有机体必须具备适应外部需求的能力,老天爷在设计她时,也必定考虑到她的技术系统可能受到的外部影响。这通常会导致相当多的"过度设计"(图2.1)。功能适应的这个方面对材料科学家来说特别有诱惑力,因为自然界已经发现的解决方案可以作为灵感的来源。Thompson开创了这个主题,他于1919年撰写的经典著作《生长和形态》(《On Growth and Form》)曾多次再版[1]。早期的文本主要将生物实体的"形式"(或形状)与其功能联系起来。甚至更早之前,达·芬奇和伽利略[10]就已经探索了解剖学(即结构)和生命系统功能之间的关系。后者通常被认为是生物力学之父。在他的众多发现中,他认识到动物骨骼的形状在某种程度上与其重量是相适应的。较大动物的长骨通常具有较小的纵横比。

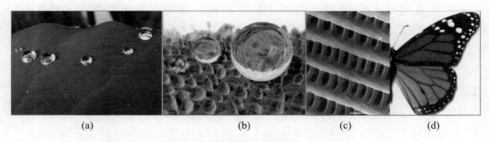

(a)　　　　　　　　(b)　　　　　　　　(c)　　　　　　　　(d)

图 2.1　几种植物和动物的微观或宏观形态

(a)荷叶上一滴水的示意图；(b)一片叶子的微观结构；(c)蝴蝶翅膀微观示意图；(d)蝴蝶翅膀宏观示意图。

伽利略的解释是一个简单的比例论，基于这样一个事实，即动物的重量与其长度的 3 次方成比例，而其骨骼的结构强度与其横截面即线性维度的平方成比例。因此，长骨的纵横比必须随着动物的体重相应减小。这也是功能适应的一个很好例子。

设计材料的不同方法源于"生长"和"制造"两种范式(表 2.1)。对于工程材料而言，设计机器部件，然后根据功能要求方面的知识和经验选择材料，同时考虑到材料这些要求在使用期间(如典型负载或最大负载)和疲劳期间(以及其他寿命相关问题)可能发生的变化。该策略是静态的，因为设计方案是从开始就制订的，并且必须满足服役期的所有需求。天然的材料一直在生长而不是被制造，这类事实导致了动态策略的可能性：这种材料并非根据存储于基因中的器官精确设计，而是根据"菜单"来构建。这意味着最终结果是通过算法，而不是通过复制设计来获得。这种方法的优点是各个层级都具有灵活性。首先，随着身体的生长，它一直可以满足功能要求。例如，顺风向生长的树枝可能与朝相反方向生长的树枝不同，而遗传密码没有任何变化。其次，不同层级材料的生长，其中组成部分每个位置的微观结构都适应局部要求[13]。这与鲁棒性概念有关：自然界已经进化出能够生存/承受/适应各种不同环境的结构，而人造材料在应用过程中通常不太灵活。

适应(整个部分或器官，如支骨或椎骨)的形式是功能适应的第一个方面。与材料科学更直接相关的第二种可能性是材料本身的微观结构(如树枝中的木材或椎骨中的骨头)的功能适应。

众所周知，任何工程问题都有优化零件形状和材料微观结构的双重需求。然而，在天然材料中，由于形状和微观结构的共同起源，即器官的生长，形状和微观结构变得密切相关。Jeronimidis 在一本关于结构生物材料书的引言章节中详细讨论了这一方面[13]。生长意味着"外形"和"微观结构"在同一过程中被创建，但是是以逐步的方式创建。树枝的形状由分子组装成细胞，然后细胞组装成特定形状的木材而形成。因此,在每种尺寸下,树枝都是外形和材料的结合:结构变得层次分明。

更容易定义的生物学发展的一小步是器官再生植物和动物。2012年召开了一次会议,以寻找动植物器官再生的可能特征[14],并研究许多人体组织再生能力有限这一事实背后的原因。这是一个尝试,去探寻这种能力是否在我们的进化中已经丧失,或者它是否从未存在过。表2.2根据文献[14-15]的工作,汇总了自然界的再生。

表2.2 自然界中器官的再生汇总[14-15]

生物体	再生
拟南芥(与卷心菜有关的小型开花植物)	拟南芥是主要用于研究植物生物学的模式生物之一,也是第一个对其整个基因组进行测序的植物。新细胞从根部的干细胞龛中出现。去除干细胞区段后,根保留了快速再生的能力,大概是通过从分化细胞再生干细胞龛。美国航空航天局计划于2015年在"LPX首飞月球植物生长试验"中在月球上种植拟南芥[16]
环节类蠕虫	它们在截肢后具有再生能力——所有这些动物都通过断裂后繁殖
水螅(1cm长,呈放射状,小型淡水动物)	胃中段切断刺激水螅蛆的细胞凋亡。这些垂死的细胞释放信号,如Wnt3,刺激再生反应
斑马鱼(4cm)	在截肢的幼体斑马鱼鳍中,皮肤中体感神经元的再生是由过氧化氢引导。斑马鱼的心脏再生伴随着心外膜细胞局部产生过氧化氢以刺激心脏再生过程中心肌细胞的增殖
美西螈(墨西哥走鱼或墨西哥蝾螈,约25cm)	使用神经干细胞来测试脊髓再生,所述神经干细胞可以被分离、培养成神经球并被移植,以向再生脊髓贡献多种细胞类型
鳉鱼(小鱼,5~15cm)	高再生能力,像其他硬骨鱼一样,再生截肢鳍
非洲爪蟾(水生青蛙)	在严重的脊髓横断损伤后恢复功能。干细胞增强了被截肢的成年爪蟾肢体的再生。非洲爪蟾的切割尾巴能够再生
蝾螈(蝾螈科水生两栖动物)	成年蝾螈大脑受伤后,蝾螈能够再生眼球晶状体和不同类型的神经元。再生主要涉及丢失的多巴胺神经元的再生,一旦适当数量的多巴胺能神经元恢复,再生就会停止。蝾螈的再生能力不会因反复再生和老化而改变
蝶	在体内平衡和多巴胺神经元再生过程中,多巴胺控制成年蝾螈中脑的神经发生

续表

生物体	再生
非洲刺鼠 （老鼠、非洲刺鼠）	部分再生——能够将肝细胞、胰岛β细胞和胸腺细胞移植到小鼠淋巴结中，这些组织在淋巴结中生长，形成血管，并可能具有自己的独立功能。尤其是在非洲刺鼠身上，真皮和皮肤非常脆弱，很容易撕裂，但由此产生的大伤口能够得到很好地修复，并在整个创面上再生毛囊。此外，它们能比实验室小鼠更好地再生耳朵上的大穿孔。因此，尚未预料到的、再生能力的例子可能仍有待发现，这代表了新的模型系统，这个模型系统将告诉我们为什么会（或不会）再生
人类	许多人体组织的再生能力有限。年轻人的心脏受伤后可能有一定的再生能力，这种能力被认为在成年人中不存在： （1）皮肤自愈。 （2）骨折的自愈。 （3）肝脏的部分再生，以肝脏为模板的再生概念。 ① 局部细胞（分化的肝细胞或组织特异性干细胞）增殖并重新填充受伤区域，以及为生长提供重要因素； ② 人工支架上植入细胞，以便重新填充和重建器官失去的部分； ③ 骨髓细胞可以通过血管输送到受伤区域，并协助修复或再生

2.3 层次结构

层次结构是器官生长的结果之一。层次结构生物材料的例子有骨骼[17-20]、树木[21-24]、贝壳[25]、蜘蛛丝[26]、壁虎的附着系统[27]、超疏水表面（莲花效应）[28]、光学微结构[28-29]、节肢动物的外骨骼[30-31]以及玻璃海绵的骨架[32]。层次结构允许基于更小、通常非常相似的构建块构建大型和复杂的器官。这种构建块的例子是骨骼中的胶原纤维，其单元厚度为几百纳米，可以组成具有不同功能的各种骨骼[2,18-19,33]。此外，层次结构允许在每个层次结构上调整和优化材料，以产生优异的性能。例如，骨骼突出的韧性是由于纳米[34-35]和微米级[20]结构元素的联合作用。显然，层次结构为仿生材料的合成和特定功能的特性调整提供了模板[36]。功能分级材料是具有层次结构材料的示例，可以通过结构化给定材料获得新功能，而不是选择具有所需功能的新材料。这种策略的一个例子是自然界无所不在的复合材料。

这类材料具有层状结构（如贝壳[25,37-38]、玻璃针结构[32,39]）或纤维结构（如骨骼[2,18,20]或木材[2,21-33]）。这些结构与人造玻璃纤维和陶瓷层压板有许多相似之处。值得注意的是，完全不同策略的融合却得到了相似解决方案。此外，界面在分层复合材料中起至关重要的作用。胶合连接元素[35,37,40]是一方面,而控制诸如晶体等成分的合成则是另一方面。一段时间以来,该主题已在生物矿化研究领域得到解决[41]。分层混合材料还可以提供运动性和机动性。肌肉和结缔组织结合在一起形成复杂的材料系统,同时起到发动机和支撑结构的作用。这可能会激发材料科学家发明有活性的、仿生材料的新概念[42]。

生物结构以及能够解决这种结构的一系列问题,都可以激发我们的灵感。但是,如果我们不对自然界中存在的解决方案做一些修正,便可能不会成功。

自然界中设计(配置、图案和几何形状)是一种普遍的物理现象,称为构造定律。Bejan 和 Lorente 在 1996 年提出的这条定律[43]在极其广泛的范围内将生命体与非生命体结合在了一起——从雪花的设计到动物的设计,再到亚马孙河流域的树木设计。

2.4 自然界中的自清洁和自修复能力

2.4.1 自清洁

荷叶以其自我清洁行为而闻名。雨滴不会污染它们的表面,而是滚落,这样它们就可以去除荷叶表面的尘埃等污染物[44-45]。荷叶的这种非同寻常的特性源于其低表面能和粗糙的表面纹理。受莲花效应的启发,研究人员成功地制造了许多人造超疏水表面,其静态接触角大于 150°,滚降接触角小于 10°。这里的滚降接触角定义为水滴开始沿着倾斜表面滚落的角度[46]。自清洁表面在工业和生物过程中具有众多的潜在应用[47]。

2.4.2 损伤和痊愈

生物材料最让人惊讶的特性可能是它们的自修复能力。在最小尺度,分子之间存在动态断裂和重组的牺牲键(牺牲键指材料在发生形变时,先于较强的键断裂的键。牺牲键在材料受力变形过程中能承担一部分力,在聚合物主链共价键断裂之前发生破坏并耗散能量,从而对材料起到增强增韧的效果。译者注)的概念[38]。例如,发现在木材[23]和骨骼[35,48]变形时会发生键断裂和重组。这为许多金属和合金中的塑性变形(不会造成永久性损坏)提供了可能性。在更高水平,许多有机体具有重塑材料的能力。例如,在骨骼中,特化细胞(破骨细胞)会长久去除物质,而其他细胞(成骨细胞)则在沉积新组织。骨材料的这种循环替换至少有两个结果:首先,对不断变化的外部条件进行连续的结构适应;其次,损坏的材料可能会被移除并被新的组织替换[9]。用技术术语来说,这意味着传感器/执行器系统可以在任何需要的地方更换损坏的材料。

例如,环境条件的变化可以通过使形态和微观结构适应新条件来部分补偿。作为典型案例,树木在轻微滑坡后其生长与方向的适应[49-50]。骨折或严重受损的组织也可以自愈。大多数情况下,伤口愈合不是给定组织的一对一替换,而是从中间组织的形成开始(基于对炎症的反应),然后是疤痕组织。一个例外是骨组织,它能够完全再生,并且中间组织(愈伤组织)最终被原始类型的材料取代[51-52]。尽管自修复材料科学仍处于起步阶段[53],但代表了仿生材料研究的重大机遇。

2.4.3 皮肤的生物性伤口愈合

结构聚合物的应用范围从黏合剂到涂料,从微电子到复合飞机机翼,但它们极易受到裂纹形式的损坏。这些裂纹通常在结构深处形成,难以检测且几乎不可能修复。无论应用如何,一旦聚合物材料内形成裂纹,结构的完整性就会受到严重影响。

将自修复功能整合到聚合物中,为这一长期存在的问题提供了一种新的解决方案,代表着朝开发寿命大大延长的材料系统迈出的第一步。在生物系统中,骨折部位释放的化学信号会引发系统的反应,将修复剂运送到损伤部位并促进愈合。控制组织对损伤和修复反应的生物学过程非常复杂,包括炎症、伤口闭合和基质重塑[54]。组织受伤时,立即开始凝血和炎症反应。大约24h后,细胞增殖和基质沉积开始闭合伤口。在愈合的最后阶段,由于组织恢复强度和功能,合成细胞外基质并重新建模。理想情况下,材料中愈合过程的合成复制需要初始快速响应,以减轻进一步的损伤,将反应性材料有效运输到损伤部位,并进行结构再生,以恢复全部性能。

大自然提供了各种各样的、具有不同功能的材料,这些材料是材料科学家的灵感来源。我们的观点是,将这些想法成功地转化为技术世界,需要的不仅仅是对自然的观察。在设计新的仿生材料之前,必须全面地分析天然组织中的结构与功能之间的关系。有很多机会,让我们可以从生物世界中汲取教训,即关于生长和功能适应、关于层次结构、关于损伤修复和自修复。仿生材料研究正在成为一个快速发展且极具前景的领域。观察自然中的偶然发现,将逐渐被系统化的方法所取代,这些系统化的方法包括在实验室研究天然组织、将工程学原理应用于生物灵感创意的进一步开发以及编制特定的数据库。

参考文献

[1] D. W. Thompson, *On Growth and Form*, Cambridge University Press, Cambridge, 1968.

[2] J. D. Currey, Bones: Structure and Mechanics, Princeton University Press, Princeton, NJ, 2002.
[3] J. F. V. Vincent, Structural Biomaterials, Princeton University Press, Princeton, NJ, 1991.
[4] M. Kemp 'Structural intuitions and metamorphic thinking in art, architecture and science', Metamorph – 9th International Architecture Exhibition Focus, Fondazione La Biennale di Venezia, Italy, 2004, pp. 30 – 43.
[5] Ph. Steadman, The Evolution of Designs, Biological Analogy in Architecture and the Applied Arts, revised edition, Routledge, London and New York, 2008, pp. 21 – 53.
[6] W. Nachtigall, Bionik: Grundlagen und Beispiele für Ingenieure und Naturwissenschaftler, Springer, Germany, 1998.
[7] G. Jeronimidis and A. Atkins, Proceedings of the Institution of Mechanical Engineers Part C: Journal of Mechanical Engineering Science, 1995, 209, 4, 221.
[8] R. Lakes, Nature, 1993, 361, 6412, 511.
[9] J. D. Currey, Science, 2005, 309, 5732, 253.
[10] P. Fratzl, Journal of the Royal Society – Interface, 2007, 4, 15, 637.
[11] Steven D. Strauss, The Big Idea: How Business Innovators Get Great Ideas to Market, Kaplan Business, Dearborn Trade Publishing, Chicago, IL, 2002, pp. 15 – 18.
[12] Y. Chauvin, R. H. Grubbs, and R. R. Schrock, Nobel Prize in Chemistry, 2005. http://www.nobelprize.org/nobel_prizes/chemistry/laureates/2005/press.html.
[13] G. Jeronimidis, Structural Biological Materials, Volume 4: Design and Structure – Property Relationships, Ed., M. Elices, Pergamon Press, The Netherlands, 2000, p. 19.
[14] G. Nachtrab and K. D. Poss, Development, 2012, 139, 15, 2639.
[15] J. A. Baddour, K. Sousounis and P. A. Tsonis, Birth Defects Research Part C, 2012, 96, 1.
[16] LPX First Lunar Flight of Lunar Plant Growth Experiment, http://www.nasa.gov/centers/ames/cct/office/cif/2013/lunar_plant.html.
[17] J – Y. Rho, L. Kuhn – Spearing and P. Zioupos, Medical Engineering and Physics, 1998, 20, 2, 92.
[18] S. Weiner and H. D. Wagner, Annual Review of Materials Science, 1998, 28, 271.
[19] P. Fratzl, H. S. Gupta, E. P. Paschalis and P. Roschger, Journal of Materials Chemistry, 2004, 14, 2115.
[20] H. Peterlik, P. Roschger, K. Klaushofer and P. Fratzl, Nature Materials, 2006, 5, 1, 52.
[21] J. Barnett and G. Jeronimidis, Eds., Wood Quality and Its Biological Basis, Blackwell, Oxford, 2003.
[22] B. Hoffmann, B. Chabbert, B. Monties and T. Speck, Planta, 2003, 217, 1, 32.
[23] J. Keckes, I. Burgert, K. Frühmann, et al., Nature Materials, 2003, 2, 12, 810.
[24] M. Milwich, T. Speck, O. Speck, T. Stegmaier and H. Planck, American Journal of Botany, 2006, 93, 10, 1455.
[25] S. Kamat, X. Su, R. Ballarini and A. H. Heuer, Nature, 2000, 405, 6790, 1036.
[26] F. Vollrath and D. P. Knight, Nature Materials, 2001, 410, 6828, 541.

[27] E. Arzt, S. Gorb and R. Spolenak, *Proceedings of the National Academy of Sciences of the United States of America*, 2003, 100, 19, 10603.

[28] J. Aizenberg, A. Tkachenko, S. Weiner, L. Addadi and G. Hendler, *Nature*, 2001, 412, 6849, 819.

[29] P. Vukusic and J. R. Sambles, *Nature*, 2003, 424, 6950, 852.

[30] D. Raabe, C. Sachs and P. Romano, *Acta Materialia*, 2005, 53, 15, 4281.

[31] D. Raabe, P. Romano, C. Sachs, et al., *Journal of Crystal Growth*, 2005, 283, 1–2, 1.

[32] J. Aizenberg, J. C. Weaver, M. S. Thanawala, V. C. Sundar, D. E. Morse and P. Fratzl, *Science*, 2005, 309, 5732, 275.

[33] H. Jinlian, *Structure and Mechanics of Woven Fabrics*, Woodhead Publishing Ltd., Cambridge, 2004.

[34] H. Gao, B. Ji, I. L. Jäger, E. Arzt and P. Fratzl, *Proceedings of the National Academy of Sciences of the United States of America*, 2003, 100, 10, 5597.

[35] H. S. Gupta, P. Fratzl, M. Kerschnitzki, G. Benecke, W. Wagermaier and H. O. K. Kirchner, *Journal of the Royal Society Interface*, 2007, 4, 13, 277.

[36] D. A. Tirrell, *Hierarchical Structures in Biology as a Guide for New Materials Technology*, National Academy Press, Washington, DC, 1994.

[37] Z. Tang, N. A. Kotov, S. Magonov and B. Ozturk, *Nature Materials Journal*, 2003, 2, 6, 413.

[38] G. E. Fantner, E. Oroudjev, G. Schitter, et al., *Biophysical Journal*, 2006, 90, 4, 1411.

[39] A. Woesz, J. C. Weaver, M. Kazanci, et al., *Journal of Materials Research*, 2006, 21, 8, 2068.

[40] B. L. Smith, T. E. Schäffer, M. Viani, et al., *Nature*, 1999, 399, 6738, 761.

[41] S. Mann, *Biomineralization: Principles and Concepts in Bioinorganic Chemistry*, Oxford University Press, Oxford, 2001.

[42] A. Sidorenko, T. Krupenkin, A. Taylor, P. Fratzl and J. Aizenberg, *Science*, 2007, 315, 5811, 487.

[43] A. Bejan and S. Lorente, *Journal of Applied Physics*, 2013, 113, 15, 151301.

[44] W. Barthlott and C. Neinhuis, *Planta*, 1997, 202, 1, 1.

[45] L. Gao and T. J. McCarthy, *Langmuir*, 2006, 22, 7, 2966.

[46] M. Nosonovsky and B. Bhushan, *Nano Letters*, 2007, 7, 9, 2633.

[47] B. D. Hatton and J. Aizenberg, *Nano Letters*, 2012, 12, 9, 4551.

[48] H. Y. Erbil, A. L. Demirel, Y. Avci and O. Mert, *Science*, 2003, 299, 5611, 1377.

[49] J. B. Thompson, J. H. Kindt, B. Drake, H. G. Hansma, D. E. Morse and P. K. Hansma, *Nature*, 2001, 414, 6865, 773.

[50] C. Mattheck and K. Bethge, *Naturwissenschaften*, 1998, 85, 1, 1.

[51] C. Mattheck and H. Kubler, *Wood – The Internal Optimization of Trees*, Springer, Berlin, 1995.

[52] D. R. Carter and G. R. Beaupré, *Skeletal Function and Form: Mechanobiology of Skeletal Development, Aging, and Regeneration*, Cambridge University Press, Cambridge, 2001.

[53] S. R. White, N. R. Sottos, P. H. Geubelle, et al., *Nature*, 2001, 409, 6822, 794.

[54] A. J. Singer and R. A. F. Clark, *New England Journal of Medicine*, 1999, 341, 10, 738.

第3章

修复机理的理论模型

对大自然的建模在3个层次上进行。在第一级,使用一种相对简单的方法来模仿大自然的功能,如模仿人体皮肤的治愈后将其用于修复裂缝。在第二级,创建各种模型以生产多功能组件,如鲨鱼皮的仿生体,这种仿生体可用于制造提高游泳速度的游泳衣;同时,这种纺织品在划伤或刺破后能够自我修复。在第三级,模型将基于更复杂的设计。

大多数开发的模型都试图预测和在第一级的层次优化材料的自修复行为。3.1节和3.2节回顾了该领域中一些最有趣的工作,并给出了使用有限元分析(FEA)进行此类建模的示例。没有讨论关于第二级模型的相关工作。

最近,已经提出和开发了几种第三级的建模方法。3.3节对这些模型进行了简要概述。

3.1 第一级模型

在文献中,可以检索到一些关于理论建模和利用计算工具来预测和优化材料自修复行为的工作。

在早期的一项研究中,Barbero 等[1]提出了一个基于连续热力学框架的模型来预测自修复过程。该模型基于通过热力学方法获得的一组方程,其中涉及损伤、可塑性和修复机制等变量。这些关系和损伤演化方程由非线性微分问题定义,并通过数值算法求解。结果验证了对承受面内剪切载荷的纤维增强聚合物基复合材料的数值模型。该模型准确地预测了不包含修复剂的样品的试验数据。由于缺乏试验数据,尚无法验证具有修复剂的模型。

Maiti 等[2]在分子尺度上对自修复聚合物中的疲劳裂纹进行了建模。使用粗粒子分子动力学过程模拟修复剂的固化。将修复动力学(即固化程度和速率)纳入模型,可以研究疲劳裂纹扩展和裂纹修复机制之间的竞争。这项对不同载荷和修复参数影响的研究表明,试验观察和模拟结果之间存在良好的定性一致性[2]。

Privman 等[3]采用连续速率方程模型来理解复合材料的自修复,这些复合材料用纳米多孔超细玻璃纤维增强。长宽比约为 3 的纤维含有一种修复液,可减少疲劳损伤。在他们早期的工作中[4],他们成功地合成了纳米多孔微米级玻璃胶囊。胶囊大小为直径 2mm,长度 5mm,具有均匀的、直径为 3nm 的孔。在他们的建模中,作者专注于由于疲劳而逐渐形成的微裂纹,以及纳米多孔纤维断裂和修复剂释放造成的修复。他们的速率方程模型表明,重要的挑战之一将是含有修复剂的胶囊大小。较大的胶囊可能会填充较大的裂缝。然而,较大的胶囊可能会影响材料的整体强度[3]。这一建议与现有的试验观察结果一致,即埋植于材料中的大量微胶囊实际上可能会削弱其力学性能。

Zhou 等[5]进行了计算模拟,以研究埋植入的微管(或空心球)对自修复合材料力学性能的影响。根据试验观察,他们的研究结果得到了支持。参考 Kousourakis[6]的试验研究,作者注意到,在交叉铺设碳纤维复合材料中掺入微管中空玻璃纤维(直径可达 680mm),对拉伸和压缩模量没有显著影响。然而,力学性能由于铺设层纹路而降低,并且发现,力学性能取决于纤维的直径和方向。另外,即使没有触发自修复,层间断裂韧性也提高了 50%。在他们的有限元建模中,作者[5]埋植入了直径为 680mm 的中空纤维,并使用 Abaqus 有限元模型确定了中空纤维周围的应力集中和损伤进程。他们的计算表明,中空纤维的存在使拉伸应力增加了 24%(在铺设层 0°方向)。他们的计算结果可应用于基于微胶囊的聚合物复合材料的自修复。

Mookhoek 等[7]研究了与球形胶囊相比,细长胶囊的长宽比、体积分数和方向对液体修复系统的修复效率的影响。模拟结果表明,对于球形胶囊,随着胶囊尺寸的减小,每单位裂纹面积释放的修复剂量迅速减少。他们建议,小胶囊——如球形纳米胶囊,只能用于小型损伤(如界面剥离)的修复,而不能用于损伤严重的修复[7]。另外,他们的模型预测,细长的胶囊会释放更多的修复剂。他们还观察到,细长胶囊与损伤平面垂直方向为首选的方向,而不是随机方向,研究结果为仅采用较低负载量的胶囊就可达到特定的修复效能提供了可能性。此外,与球形胶囊相比,细长胶囊对宿主基质性质的影响较小。与他们的观察相反,Lv 和 Chen[8]最近的研究表明,具有较高长宽比的细长胶囊的撞击概率并不总是大于球形胶囊的撞击概率。Mookhoek 等[7]工作的一个有趣结果是,他们发现裂纹宽度而不是裂纹长度是修复过程中的关键因素。存在一个可以有效修复的最佳裂纹宽度。此外,可修复的最大裂纹宽度仅取决于液体/基质系统的材料特性,而不取决于胶囊尺寸、体积分数或几何形状。利用下式可得到临界宽度[7]:

$$PCOD = 2[2\gamma_1(1-\cos\beta)/(g\rho)]^{0.5} \tag{3.1}$$

式中：PCOD 为平行裂纹张开距离；γ_1 为液体表面张力；β 为液体表面接触角；g 为重力常数；ρ 为液体密度。

例如，环氧双环戊二烯系统（$\gamma = 0.036\text{J/m}^2$，$\rho = 987\text{kg/m}^3$，$\beta = 4.5°$）可修复的临界裂纹宽度计算值约为 $340\mu\text{m}$[7]。这一发现对于液体自修复系统的研究具有重要意义。

Lv 等[9]提出了一个二维分析模型，用于计算规则裂纹模板撞击埋植入于胶凝材料中胶囊的概率。他们使用积分几何和概率分布的概念，提出了胶囊精确剂量的理论解。这些材料被简化为二维平面中的线性裂纹和带状裂纹。用计算机模拟对模型进行了验证。在随后工作[10-11]中，作者扩展了各种三维裂纹模式的模型。然而，对于基体中裂纹的随机分布，这一问题并未在理论上得到解决，而这却是聚合物复合材料通常出现的情况。

在一项类似的工作中，Zemskov 等[12]提出了两个二维分析模型，用于计算裂纹位置撞击胶囊粒子的概率。模型将胶囊大小、含量比（体积分数）、平均胶囊间距离和裂纹深度与撞击胶囊的概率联系起来。这项研究是在基于埋植入含有细菌修复剂的大胶囊的混凝土的自修复进行的。

在其中一个模型中，球形大胶囊按层顺序放置于块体材料（模型Ⅰ）。在另一个模型（模型Ⅱ）中，胶囊以完全随机的方式放置。用概率和平面几何的基本概念评估模型Ⅰ的撞击概率，而对于模型Ⅱ，则采用基于严格数学计算的高级统计概率概念。Lv 和 Chen[8]认为，Zemskov 等[12]针对模型Ⅱ提出的撞击概率公式只是一个抽象表达式，无法分析验证。然而，在 Zemskov 等的工作[12]中，用蒙特卡罗模拟验证了两个模型。与模型Ⅰ相比，在相同的撞击概率下，模型Ⅱ预估的胶囊密度较低。Lv 和 Chen[8]注意到，在他们的模型Ⅱ中，胶囊大小与立方体样品大小的比值不够大，这可能会降低胶囊的随机性。换句话说，无法保证自修复模型中胶囊分布的随机性[8]。这些模型的发现之一是，对于规定的裂纹概率和深度，半径较小的胶囊需要较低的含量比（体积分数）。然而，这些模型没有考虑胶囊和基体的物理特性[12]。

Lv 和 Chen[8]在其最近的工作中，基于积分几何和几何概率的概念，开发了二维和三维模型。他们使用这些模型来确定修复基体中独立出现的离散的裂纹所需胶囊（随机分布于基体）的撞击概率和剂量。他们还提出了一种概率修复方法，该方法可以获得目标修复水平所需的胶囊体积分数。该模型根据裂纹和胶囊的尺寸得到胶囊撞击概率和剂量的确切表达式。作者还研究了不同长径比的细长胶囊对撞击概率的影响。蒙特卡罗模拟用以验证该模型，结果表明，模型预测和计算机模拟结果之间有很好的一致性。对于小裂纹，细长胶囊的撞击概率并不总是大于球形胶囊的撞击概率。然而，尚需要试验数据证实这些发现。

Verberg 等[13]模拟了一种流体驱动的微胶囊，以确定如何利用胶囊化纳米颗粒的释放来修复表面的损伤。模拟结果表明，这些微胶囊可以将封装材料传递到基板的特定位置。一旦修复纳米颗粒沉积在所需位置，流体驱动的胶囊可以沿着表面进一步移动。在其随后的工作[14]中，他们扩展了二维模型，以模拟可变形微胶囊与含有三维裂纹基板之间的三维相互作用。制备胶囊化纳米颗粒的两亲性胶囊的能力，激发作者们设计出一种输送系统，该系统可以通过水溶液的流动进行输送，并将纳米颗粒特异性地靶向到疏水域[14]。这项工作可用作设计可用于持续修复的颗粒填充微胶囊的准则。此外，这种方法可用于修复保持连续流体运动的微通道和微流控装置中的损伤。在表 3.1 中[15-18]，还可以找到自修复材料计算研究的其他一些例子。

表 3.1 建议的模型及其验证汇总

模型与参考	验证
具有代表损伤、塑性和修复机制变量的热力学框架（Barbero 等[1]）	无修复剂的纤维增强聚合物基复合材料在平面剪切载荷作用下的性能
疲劳裂纹蔓延和裂纹修复之间竞争的疲劳裂纹的分子水平建模（Maiti 等[2]）	试验观测和模拟结果之间有很好的定性一致性
固化速率方程建模（Privman 等[3]）	用纳米多孔微玻璃纤维增强的复合材料（结论为最好使用更小的微胶囊）
埋植入微管的 FEA 模型（Abaqus）（Zhou 等[5]）	对拉伸模量和压缩模量没有显著影响
用于修复较大裂纹的细长胶囊（Mookhoek 等[7]）	蒙特卡罗模拟验证
基于积分几何和概率分布的二维模型（Lv 等[9]）	蒙特卡罗模拟验证
将胶囊的大小、含量比（体积分数）、平均胶囊间距和裂纹深度与胶囊的撞击概率联系起来的二维模型（Zemskov 等[12]）	蒙特卡罗模拟验证
基于流体驱动、粒子填充的微胶囊沿黏合剂基材的模型（Verberg 等[13]）	正在开发的模型

3.2 有限元分析建模示例（ANSYS 代码）

作为第一级模型的一个例子，本书介绍了一项工作，研究了埋植入微胶囊树脂的自修复，微胶囊中填充有修复剂，并将微胶囊输送至裂纹。制备的样品

第 3 章 修复机理的理论模型

具有锥形双悬臂梁(TDCB)的形状,这种形状通常用于测量材料的力学性能(图3.1(a))。TDCB 设计有标准尺寸(更多细节见第 5 章)。利用两个孔洞,沿两个垂直相反方向拉动样品,同时测量施加的力(载荷)和位移,可以确定样品的力学性能。通常,用材料测试系统(MTS)进行测试。在试验过程中施加的载荷增加,应变随之增加,从弹性状态过渡到非弹性状态,然后发生不可逆损伤(裂纹)。ANSYS 是基于有限元分析的、著名的工程模拟软件,通过 ANSYS 模拟 TDCB,提供了设计过程所需的工程模拟解决方案。

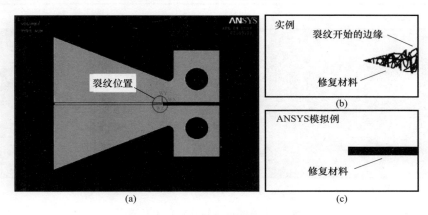

图 3.1 ANSYS 建模示意图
(a)通过 ANSYS 建模的 TDCB 试样(圈起部分显示裂纹位置);
(b)该部分的放大图(裂纹在真实情况下 100% 修复);(c)ANSYS 中修复的模型。

为了测量样品的修复效率,在 TDCB 的中间用刀片切割约 2cm(图 3.1)以模拟裂纹。然后用 MTS 试验机测试含有修复剂和不含修复剂的试样,并对其力学性能进行了比较。

刚度参数被认为是评估修复效率的代表性参数。

用 FEA 代码(ANSYS)推导得出模拟刚度。

① 用 TDCB 模型模拟所需长度的裂纹(图 3.1),表 3.2 给出了所使用的裂纹长度值;

② 裂纹的一部分被填充,表示已修复的裂纹[图 3.2(a)]。网格划分 TDCB 部分,并以区域"1"表示,网格化修复材料并用区域"2"表示[图 3.2(b)]。表 3.2 汇总了模型中使用的相应杨氏模量和泊松比值。

表 3.2 ANSYS 分析中用于裂纹修复建模的参数

ANSYS 代码中的单元参数	值
E_1:TDCB 样品(树脂828)的杨氏模量	3.1GPa、3.3GPa 和 3.5GPa

续表

ANSYS 代码中的单元参数	值
ν_1：TDCB 样品（树脂 828）的泊松比	0.2
E_2：修复材料的杨氏模量	1GPa、0.1GPa 和 0.01GPa
ν_2：修复材料的泊松比	0.3
裂纹长度	20mm、22mm、24mm、26mm 和 28mm
修复率（或分数）	0%、25%、50%、75% 和 100%

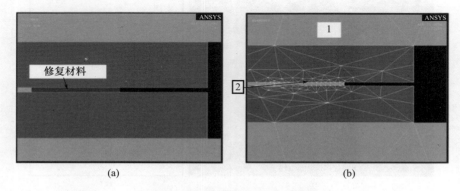

图 3.2　修复的网格化处理示意图

（a）裂纹长度 a 为 22mm 的样品和 50% 修复的裂纹；
（b）样品显示了 TDCB 样品材料和修复材料的不同编号系统。

③施加载荷以模拟 MTS 试验机。TDCB 的上臂受到完全约束，并在下臂施加拉伸载荷[图 3.3(a)]。模型提供了垂直于裂纹平面的位移[图 3.3(b)]。

④使用 ANSYS 对 0%、25%、50%、75% 和 100% 的修复效率进行了分析。0% 修复率表示未使用修复剂的原始样品。

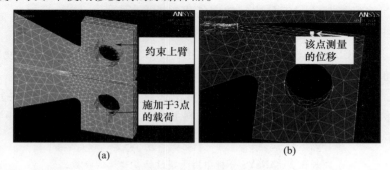

图 3.3　测试模型示意图

（a）约束的和施加载荷的 TDCB 模型；（b）处于垂直于裂纹平面的节点位移位置的样品（y 方向）。

图 3.4 给出了一个模拟结果的示例。不同值的迭代模拟得到的数据如表 3.2 所列。最佳刚度值集是最接近试验测量参数的值[图 3.4(b)]。修复材料的杨氏模量 $E_2 = 0.1 \text{GPa}$。

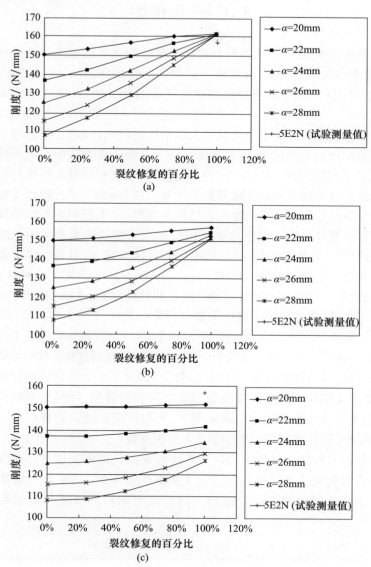

图 3.4 刚度与修复裂纹的百分比的函数关系并与
试验值进行比较($E_1 = 3.5\text{GPa}$,E_2 值变化)
(a) $E_2 = 1\text{GPa}$;(b) $E_2 = 0.1\text{GPa}$;(c) $E_2 = 0.01\text{GPa}$。

根据表 3.2,最佳刚度值集是最接近试验测量参数的值[图 3.4(b)],其中,修复材料的杨氏模量 $E_2 = 0.1$ GPa。

3.3 三级模型

基于非常简单的设计,大自然却提供了复杂的多功能系统。可以列举很多例子,如魔术贴黏结、壁虎在垂直墙上移动和荷叶的自清洁。这就提出了一个问题,即如何在工程和生物系统之间找到更多的相关性,以更好地从大自然设计中受益。

相关性方法最初是为了发现两个工程系统之间的相似性,并利用一个系统的现有模型和理论上的优点,使之适应另一个系统。该方法用于从天然的设计中学习简单性、多功能性和适应性(自修复)。挑战在于找到能够执行类似功能的简单工程设计。最常见的方法需要采用系统的方法学,并比较在工程中和在自然界中设计的过程及其功能结构。已经注意到,在工程和生物学中使用的功能术语有很大差异。用以创建功能结构的标准工程功能术语集的想法最初由 Pahl 等提出[19]。在他们的提议中,功能代表对物质流、信号流或能量流进行的操作。这个想法逐渐被接受。2002 年,Hacco 和 Shu[20] 开发了一种方法,以寻求仿生概念设计,目的是找到特定制造问题的解决方案。Chiu 和 Shu 对他们的方法进行了改进,通过使用功能性关键词搜索生物学文献来寻找设计灵感[21]。Nagel 等[22] 编撰了《工程学-生物学近义词词典》(《An Engineering-To-Biology Thesaurus》),并进一步发展了该模型。该工作的目的是通过将生物学术语与工程学术语相关联,以帮助工程师。该近义词词典提出了 8 个类别的功能和 3 个类别的流,每个类别在二级和三级明细词表中都有所增加,并列出了相应的生物功能列表(表 3.3~表 3.5)。Cheong 等[23] 利用识别关键词的算法进一步发展了先前的模型,该算法在搜索生物学文本时更有效。

对自然和工程之间的类比词进行系统搜索的代码不断改进。表 3.3 列出了功能和流的类别及其二级列表。表 3.4 提供了一级、二级和三级功能和流的数量。表 3.5 给出了能的二级和三级功能类别示例以及相应的生物功能列表。

表 3.3 功能和流的类别及其二级列表

类别	功能
分支	分离和分发
通道	输入、输出、转移和引导
连接	融合和混合

续表

类别	功能
控制量	启动、调节、更改和渗透
转换	转换
供应	储存和供应
信号	感知、指示和处理
支持	稳定和保障
类别	流
材料	人体、气体、液体、固体和混合物
信号	状态和控制
能量	人体声学、化学、电学、电磁学、液压学、磁学、力学和气动热学

表 3.4 功能和流的数量

类别	功能	流
一级	8	3
二级	21	20
三级	24	22

表 3.5 二级和三级功能类别示例

类别	二级	三级	相应的生物学功能
能量	人体	—	生命与身体
	声学	—	回声定位与声波
	化学	—	卡路里、代谢、葡萄糖、糖原、腺体、营养素、淀粉、燃料、糖、线粒体、脂质和赤霉素
	电学	—	电子、电势、反馈、电荷和场
	电磁学	光学	光与红外
		太阳能	光、太阳光和紫外线
	液压学	—	压力、渗透和渗透调节
	磁学	—	重力、场和波
	力学	—	肌肉收缩、压力、绷紧、伸展和压抑
		旋转	蛋白质折叠
		平移	—
	气动	—	压力
	热学	—	温度、热、红外和冷

参考文献

[1] E. J. Barbero, F. Greco and P. Lonetti, *International Journal of Damage Mechanics*, 2005, 14, 1, 51.

[2] S. Maiti, C. Shankar, P. Geubelle and J. Kieffer, *Journal of Engineering Materials and Technology*, 2006, 128, 4, 595.

[3] V. Privman, A. Dementsov and I. Sokolov, *Journal of Computational and Theoretical Nanoscience*, 2007, 4, 1, 190.

[4] Y. Kievsky and I. Sokolov, *IEEE Transactions on Nanotechnology*, 2005, 4, 5, 490.

[5] F. Zhou, C. Wang and A. Mouritz, *Materials Science Forum*, 2010, 654, 2576.

[6] A. Kousourakis, *Mechanical Properties and Damage Tolerance of Aerospace Composite Materials Containing CVM Sensors*, PhD Thesis, RMIT University, Melbourne, Australia, 2008.

[7] S. D. Mookhoek, H. R. Fischer and S. Van der Zwaag, *Computational Materials Science*, 2009, 47, 2, 506.

[8] Z. Lv and H. Chen, *Computational Materials Science*, 2013, 68, 81.

[9] Z. Lv, H. Chen and H. Yuan, *Science and Engineering of Composite Materials*, 2011, 18, 1-2, 13.

[10] Z. Lv, H. Chen and H. Yuan, *Materials and Structures*, 2011, 44, 5, 987.

[11] Z. Lv, H. Chen and H. Yuan, *Journal of Intelligent Material Systems and Structures*, 2014, 25, 1, 47.

[12] S. V. Zemskov, H. M. Jonkers and F. J. Vermolen, *Computational Materials Science*, 2011, 50, 12, 3323.

[13] R. Verberg, A. T. Dale, P. Kumar, A. Alexeev and A. C. Balazs, *Journal of Royal Society - Interface*, 2007, 4, 13, 349.

[14] G. V. Kolmakov, R. Revanur, R. Tangirala, et al., *ACS Nano*, 2010, 4, 2, 1115.

[15] O. Herbst and S. Luding, *International Journal of Fracture*, 2008, 154, 1-2, 87.

[16] K. A. Smith, S. Tyagi and A. C. Balazs, *Macromolecules*, 2005, 38, 24, 10138.

[17] D. S. Burton, X. Gao and L. C. Brinson, *Mechanics of Materials*, 2006, 38, 5-6, 525.

[18] G. Thatte, S. V. Hoa, P. G. Merle, E. Haddad and Y. Guntzberger, *Proceedings of the First International Conference on Self-healing Materials*, The Delft Centre for Materials, Delft University of Technology, Noordwijk, The Netherlands, 2007.

[19] G. Pahl, W. Beitz, J. Feldhusen and K-H. Grote, *Engineering Design: A Systematic Approach*, 3rd edition, Springer-Verlag, London, 2007.

[20] E. Hacco and L. H. Shu, *Proceedings of the ASME Design Engineering Technical Conference*, Volume 3, Montreal, Canada, 2002, p. 239.

[21] I. Chiu and L. H. Shu, Artificial Intelligence for Engineering Design, *Analysis and Manufacturing*, 2007, 21, 1, 45.

[22] J. K. S. Nagel, R. B. Stone and D. A. McAdams, *Proceedings of the ASME International Design Engineering Technical Conferences*, Volume 5, Montreal, Quebec, Canada, 2010, p. 117.

[23] H. Cheong, R. B. Stone, D. A. McAdams, I. Chiu and L. H. Shu, *Journal of Mechanical Design*, 2011, 133, 2, 021007.

第4章

聚合物和复合材料的自修复

自文献[1]首次报道自修复复合材料系统以来,开发了一种常规方法——通过在聚合物基体中埋植入微胶囊液体修复剂和固体催化化学材料。因此,当基体中存在损伤诱导的裂纹时,微胶囊会将其包封的液体修复剂释放于裂纹平面。所有涉及的材料都必须经过精心设计。例如,包封程序必须与反应性修复剂化学相容,且液体修复剂在其寿命期内不能扩散出胶囊外壳。同时,微胶囊壁必须能够抵抗主体复合材料的加工条件。同时,必须保持与固化聚合物基体的良好附着力,以确保胶囊在复合材料断裂时破裂。

4.1 微胶囊

聚合物微胶囊通常通过微乳液聚合技术制备,如 Asua[2] 所述。该程序涉及众所周知的聚合物材料的水包油分散机理。在已研究的大多数自修复复合系统中,微胶囊由脲醛(UF)聚合物制成,用于包封的液体修复剂为双环戊二烯(DCPD)[1,3-9]和/或环氧树脂[10-14]。对于 DCPD,在原位聚合过程中,脲和甲醛水反应形成低分子量预聚物;当该预聚物重量增加时,它沉积在 DCPD - 水界面。脲醛聚合物高度交联并形成微胶囊壳壁。然后将脲醛预聚物颗粒沉积在微胶囊表面,得到粗糙的表面形态,有助于复合材料加工期间微胶囊与聚合物基体的黏附[15]。此外,使用双环戊二烯(DCPD)填充脲醛微胶囊的复合材料,在发生单调断裂和疲劳时,具有修复能力[1,3-8]。

4.1.1 微胶囊的大小和材质对自修复反应性能的影响

2003 年 Brown 等的[9]研究显示,用这种原位工艺制备的微胶囊平均直径为 10~1000μm,光滑的内壳厚度为 160~220nm,填充含量高达 83%~92% 的液体修复剂。微胶囊的机械破裂是修复过程的必要条件。因此,生产具有最佳力学性能和壁厚的微胶囊非常重要。胶囊刚度和聚合物基体之间的关系决定了裂纹在样品中的传播方式。Keller 和 Sottos[16]描述了具有比聚合物基体材料更高弹性模量的胶囊如何产生一个应力场,使裂纹偏离胶囊。另外,更柔性的壳壁产生应力场,使裂缝靠近微胶囊。

Rule 等[17]研究了微胶囊直径和裂缝尺寸对自修复材料性能的影响。他们使用了一种环氧基材料,其中含有埋植入的 Grubbs 催化剂(Grubbs 催化剂是由 2005 年诺贝尔化学奖获得者 Robert. Grubbs 于 1995 年发现的一个钌卡宾络合物催化剂,主要分为第一代、第二代和第三代,此外还有 Hoveyda – Grubbs 催化剂,可用于烯烃复分解、烯炔复分解和烯烃 – 羰基复分解。这种催化剂有诸多优点:容易合成,活性和稳定性都很强,在空气、水、酸、醇或其他溶剂存在下仍然能保持催化活性,而且对烯烃带有的官能团有很强的耐受性。是应用最为广泛的烯烃复分解催化剂之一,在有机合成中有很广泛的应用。译者注)颗粒和微胶囊化的双环戊二烯(DCPD)。对于给定的胶囊重量,微胶囊能够输送到裂缝表面的液体量与微胶囊直径(以及体积)呈线性比例。从复合材料的韧性以及微胶囊与聚合物基体之间界面性质影响的角度,微胶囊的尺寸对也对系统的性能产生影响。基于这些关系,可适当选择微胶囊的尺寸和质量分数,以获得预期的裂缝尺寸的最佳修复反应。如前所述,微胶囊的壁厚是另一个关键参数。如果壳壁太厚,微胶囊不容易破裂,就不能发生修复。但是,如果壳壁太薄,微胶囊可能在复合材料生产和加工过程中破裂,或者修复剂可能泄漏或扩散到基体。正如 Brown 等[9]所指出的,壳体壁厚在很大程度上与制造参数无关,通常在 160～220nm 之间;然而,包封过程可以进行轻微的调整,以改变生产的微胶囊。微胶囊的大小主要通过胶囊化过程中的搅拌速率来控制。Brown 等[9]报道的典型搅拌速率范围为 200～2000r/min,可使乳液更细,因此,随着搅拌速率的增加,生产的胶囊直径更小。Brown 等[5]指出,较小的微胶囊在较低浓度下表现出最大的增韧作用。另外,Rule 等[17]研究认为,在相同质量分数下,含有较大微胶囊的材料性能优于含有较小微胶囊材料的性能,这可能是由于试样中的修复剂用量所致。后一项研究获得的最佳修复是含有 10%(质量分数)、直径为 386mm 胶囊的样品,这相当于每单位裂缝面积输送 4.5mg 修复剂(假设裂纹上所有胶囊破裂)。根据复合材料中微胶囊体积分数和质量分数计算了可输送至裂纹面修复剂的用量,并通过将这些自主修复样品的数据与含有已知体积修复剂样品的数据进行了比较和验证。将修复剂手动注入裂纹面,以启动修复过程。

为了在较低浓度下合成具有最大韧性的小型微胶囊,Blaiszik 等[18]开发了一种原位包封方法,结果表明,脲醛树脂胶囊的尺寸可减小一个数量级。用超声波技术和超疏水剂稳定双环戊二烯液滴,成功制备了直径小于220nm、填充有DCPD修复剂的胶囊。胶囊具有均匀的脲醛树脂壳壁(平均厚度为77nm),并显示出良好的热稳定性。然而,使用脲醛树脂微胶囊有几个缺点。首先,形成团聚的纳米颗粒碎片,这可能作为主体材料基体内的裂纹引发位点;其次,由团聚纳米颗粒形成的粗糙、多孔的壁表面可能会降低微胶囊与基体之间的黏附力;最后,橡胶制成的薄壁的胶囊(160~220nm[9])会导致芯材在储存过程中发生损耗,并在复合材料的加工过程中造成处理困难。众所周知,胶囊表面的粗糙、多孔是脲醛树脂微胶囊生产中的一个常见特性[19]。除了脲醛树脂微胶囊外,还有研究者用三聚氰胺-甲醛[20-21]和聚氨酯[22]作为壳壁材料制备各种修复材料的微胶囊。Liu等[23]用三聚氰胺-脲醛(MUF)聚合物外壳制备了自修复用的微胶囊,胶囊内含有两种不同候选修复剂。这两种试剂为5-亚乙基-2-降冰片烯(ENB)和含10%(质量分数)的降冰片烯基交联剂的ENB,通过在水包油乳液中原位聚合制得。发现微胶囊在高达300℃时仍具有热稳定性;当在150℃下等温保持2h时,质量损失为10%~15%。总体而言,与广泛用于自修复复合材料的脲醛微胶囊相比,这些MUF微胶囊表现出优越的性能,其制造工艺比脲醛聚合物更简单。此外,在一定机械载荷下,此类应用的微胶囊会具有最佳机械强度和适合的破裂性能。从理论上讲,微胶囊的机械强度取决于其化学成分、结构、尺寸和外壳厚度。据广泛报道,双环戊二烯可以使用脲醛包封。自修复微胶囊的性能取决于其尺寸[17,24]。然而,关于使用不同外壳材料包封双环戊二烯以及直接测量含自修复剂的单个微胶囊的机械强度方面的工作很少[16]。通过显微操作技术已经表征[25-27]了由不同外壳材料制成的微胶囊的机械强度,这些材料包括三聚氰胺-甲醛(MF)和有不同内核材料的脲醛。已经发现,对于给定尺寸和外壳厚度,MF微胶囊比脲醛微胶囊更坚韧,在更大的变形下才会破裂[27]。微胶囊的强度和变形性可能取决于其配方和加工条件。因此,MF微胶囊提供比脲醛更大的配方组成范围和加工条件范围,以产生最佳的力学性能,而这可能正是自修复应用所需要的。

众所周知,微胶囊制造的主要困难之一是获得足够小的胶囊,以满足许多实际应用,并且尺寸分布足够窄,能够控制释放[28]。已经尝试了各种应用,这些应用或多或少都取得了成功。在造纸工业中,微胶囊已用于一系列不同的目的[29],如用于自复制无碳复写纸[30]以及在食品和包装工业中用于控制香气释放,或者作为温度或湿度指示器[31-32]。其他应用可能包括在活性包装(活性包装也称智能包装,是指在包装袋内加入各种气体吸收剂和释放剂,以除去过多的CO_2、乙烯及水汽等,及时补充O_2等,使包装袋在一定时间内维持适合于新鲜蔬菜、水果等储藏保鲜的适宜气体环境,有时还加入一些显示食品是否变质的指示剂。译者注)中的胶囊化抗菌剂或清除剂。最近,Andersson 等[33]已经开发出含有疏水性内核材料的微胶囊,该微胶囊在水悬浮液中由疏水改性多糖膜包围。其目的是获得满足小型胶囊尺寸以及合理的固体含量标准的胶囊。

Mookhoek 等[34]开展了创新性工作,用邻苯二甲酸二丁酯(DBP)填充具有聚氨酯(PU)外壳且尺寸约为 1.4mm 的微胶囊,并将其用作 Pickering 稳定剂(传统的乳浊液一般由有机表面活性剂稳定;由吸附到两相界面的固体颗粒稳定的乳浊液称为 Pickering 乳液。与传统的表面活性剂稳定的乳液相比,Pickering 乳液具有多种优势,如乳化剂用量更少、毒性小、稳定性强等,具有广泛的应用价值。近年来出现的这种作为 Pickering 稳定剂的微胶囊称为胶体体,英文为 colloidosome。译者注),形成含有双环戊二烯作为第二液相的、尺寸较大(约 140mm)的微胶囊。这种二元微胶囊是通过异氰酸酯 - 醇界面聚合反应,将分散的双环戊二烯液体(用含有 DBP 的脲醛树脂微胶囊在水相中稳定)胶囊化包封而成。

最近,研究者们制备了直径约 1mm 的非常小的 ENB 微胶囊,以及 ENB/聚 MUF(PMUF)的薄壳[35]。图 4.1 至图 4.6 显示了这些直径为 1~2mm 小微胶囊的特性。

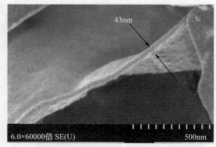

图 4.1 直径为 1mm 胶囊的 PMUF 外壳的典型扫描电子显微镜显微照片(壳厚度约为 43nm)

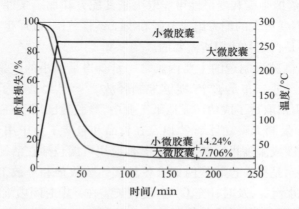

图 4.2 用热重分析测定的 PMUF 微胶囊中自修复剂的质量损失

第 4 章 聚合物和复合材料的自修复

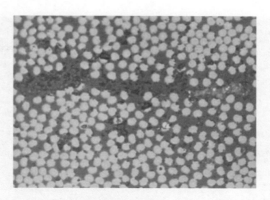

图 4.3 含有 15%（质量分数）微胶囊的两层碳纤维增强聚合物（CFRP）层压板的光学截面

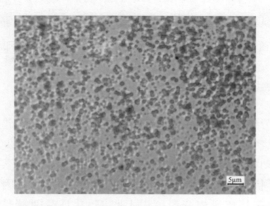

图 4.4 使用超声波 20min 制备的典型微胶囊的光学图像（以 1600 倍放大率拍摄的图像）

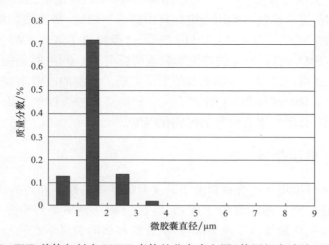

图 4.5 ENB 单体包封在 PMUF 壳体的分布直方图（使用超声波处理 20min）

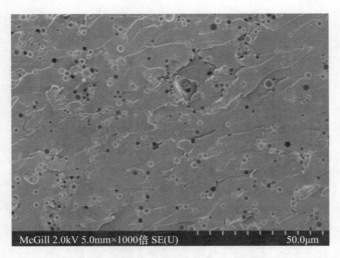

图4.6 含10%（质量分数）ENB/PMUF微胶囊的Epon™828环氧树脂的典型SEM图像

4.1.2 疲劳裂纹的阻滞

为了减缓疲劳裂纹的扩展，Keller等[36]已经证明，在聚硅氧烷弹性体中加入自修复功能，成功地将扭转疲劳载荷下的疲劳裂纹扩展减少了24%。这种阻滞部分归因于滑动裂缝闭合机制，其中聚合修复剂保护裂缝尖端免受施加的远场应力。另外，形状记忆合金（SMA）丝非常适合这种应用，因为它们表现出热弹性马氏体相变，在其转变相变温度以上收缩，并且在两端受到约束时施加高达800MPa的大恢复应力[37-38]。此外，Rogers等[39]已经证明，当SMA丝嵌入环氧树脂基体时，完全恢复力作用于组件自由边缘。因此，桥接该裂缝的SMA丝会产生较大的闭合力。事实上，Kirkby等[40]已经报道了嵌入SMA丝的自修复聚合物，添加SMA丝后，修复的峰值断裂载荷提高了1.6倍，接近原始材料的性能。此外，修复可以通过减少修复剂的用量实现。性能的改善主要归因于裂纹闭合，这减少了总裂纹体积，并增加了一定量修复剂的裂纹填充因子。聚合期间加热修复剂，会增加聚合修复剂的固化程度。

4.1.3 分层基板

聚合物基纤维增强复合材料由于其优异的平面内性能和高的比强度，在结构应用中用途广泛。尽管取得了成功，但它们特别容易受到平面外撞击的破坏。虽然纤维损伤通常位于撞击部位，但分层和横向裂缝形式的基体损伤可能更为普遍。尤其是分层会造成严重问题，因为分层会显著降低抗压强度[41-45]，并随着疲劳载荷的增加而增加[42,46-49]。更加不利的是,撞击损伤可能在表面下或几乎看不见,因此需要使用昂贵且耗时的无损检测[42]。一旦确定损坏位置,就可以采用许多已用或正在实施的修复技术[50-53]。大多数解决方案依靠树脂渗透分层或复合材料补片,以在受损区域提供载荷传递。在严重损坏的情况下,应移除受损区域,并用与原材料黏结或共固化的新复合材料替换[50]。这些维修技术通常耗时、复杂,并且需要便于操作。手动修复撞击损伤的另一种解决方案是使用自修复材料。最近,Patel 等[54]使用微胶囊化修复剂(DCPD 液体修复剂和含有 10%(质量分数) Grubbs 催化剂的石蜡微球)研究了复合材料中撞击损伤的自动自修复,该微胶囊化修复剂已成功加入编织的 S2 玻璃纤维增强环氧复合材料。低速撞击试验表明,自修复复合材料板能够自动修复撞击损伤。结合图像处理的损伤荧光标记表明,自修复后,每个成像横截面的总裂缝长度减少了 51%。

研究人员还研究了柔软、层压、自修复胶囊材料,确定其是否能调节小撕裂和穿孔的影响。以前修复穿刺损伤的尝试主要集中在离聚物[55]和空间填充凝胶[56]。离聚物中的自修复反应是通过快速移动的弹丸能量传递开始的,这种弹丸通常直径为几毫米。弹丸运行路径中,材料的摩擦加热导致离聚体物中的聚合物链重新取向。在某些情况下,这种重新取向可以密封弹丸产生的孔。然而,只有当受损区域加热到接近材料的熔化温度时,才会发生这种修复[55]。Nagaya 等[56]提出的第二种自修复系统利用水饱和膨胀凝胶自动修复轮胎。在该系统中,聚合物凝胶黏结在轮胎内表面的两层橡胶之间,并用水饱和。发生穿刺时,饱和凝胶膨胀并填充穿刺孔,将泄漏密封。对于 0.25MPa 的典型轮胎压力,4mm 厚的聚合物层能够有效密封钉子穿刺造成的损伤[56]。

Beiermann 等[57]制备了一种 3 层柔性自修复材料,能够修复穿刺损伤。所用材料由 3 层组成:一层为嵌有自修复微胶囊系统的聚二甲基硅氧烷复合材料,夹在两层 PU 涂层尼龙之间。设定一个标准,使用皮下注射针或剃须刀片破坏样品,将重新密封的损伤能承受压制板上 103kPa 压差的能力定义为修复成功。修复情况随微胶囊尺寸的不同而明显不同,含有 220mm 微胶囊的样品具有最大修复成功率(100% 成功修复)。此外,发现修复随着复合层厚度的增加而增加,随着穿孔尺寸的增加而减少。

最后,以单边、缺口弯曲形式进行的断裂试验表明,当微胶囊和潜伏性固化剂的浓度得到优化时,修复效率为 111%。对含有这种自修复系统的环氧基织物层压板进行的一些初步试验表明,原始层间断裂韧性的恢复率为 68%。Yuan 等[12]报道了另一种富有前景的自修复聚合物复合材料用的修复剂和催化剂组合。修复剂由 1-丁基缩水甘油醚制备的双酚 A 的二缩水甘油醚以及催化剂的混合物组成,储存于常规水包油乳液工艺制备的聚脲醛(PUF)微胶囊中。利用这一工艺制备的 PUF 微胶囊可在低于 238℃ 的温度下具有较长的保存期和良好的化学稳定性。该系统仍处于早期开发阶段,并且该系统在复合材料中的自修复效率有待测试。Kirk 等[58]在纳米多孔二氧化硅胶囊中将环氧树脂和固化剂进行"物理"包封。一旦它们与环氧树脂聚合物基体混合,由于通道具有高长径比(环氧树脂和固化剂位于胶囊的深处),预计它们能够满足聚合所需的要求,不会提前聚合。这些胶囊大约比以前使用的胶囊小一个数量级[1]。因此,扩散可以解决树脂和固化剂物理混合的需要,并且二氧化硅胶囊的存在,除了自修复功能外,还可以改善复合材料的力学性能。

4.2 修复剂/催化剂系统的选择

研究得最彻底的机械诱导修复系统是将单体液体修复剂和钌催化剂的微胶囊化,这种设计会引发单体的开环复分解聚合(ROMP)。此后,聚合反应能够修复受损材料。这些组分(单体和催化剂)可通过多种不同的方式引入到复合体系,其中的许多方法之前已经探讨。

White 等[1]报道了使用这些组分首次制备的结构,并进行了详细研究。在该系统中,修复剂被包封在微球中,微球被加入复合材料中,催化剂被直接埋植入基体中。当该系统发生损伤时,裂纹将通过试样扩展,使微胶囊破裂。然后,液体修复剂将通过毛细作用流过裂缝,与基体中的催化剂颗粒接触后,修复剂聚合并填充裂缝孔隙。通过这种方式,裂纹扩展将停止,修复剂固化后,材料的机械强度将恢复。

4.2.1 修复剂

修复剂的首选即双环戊二烯(DCPD),是基于其具有成本低、保质期长、黏度和挥发性低以及在环境条件下与合适的催化剂接触后可快速聚合等优点。选择的催化剂是第一代 Grubbs 催化剂:双(三环己基膦)亚苄基钌二氯化物(Ⅳ)。Grubbs 催化剂以促进烯烃复分解而为人所知,展现出高的活性,同时对多种官能团具有耐受性。在这项开创性的研究中,White 等[1]指出,与纯环氧树脂相比,向环氧树脂基体添加微球和催化剂,可以使初始断裂载荷增加 20%,试验结果说明了填充材料的增韧效果。这类样品的初步修复结果显示,最大修复率为初始断裂载荷的 75%,平均修复率为 60%。这些结果为进一步研究这一特殊系统奠定了基础。在清楚地展示了该系统对机械刺激具有实现完全自主修复的潜力后,Kessler 和 White[59]又制备了样品,测试该系统在结构复合材料中的潜在用途。制备的样品中,将微胶囊和催化剂引入碳纤维增强聚合物(CRFP),测试对最常见失效模式(分层)的复合材料的修复能力。根据初步得到的结果,又深入研究了两种修复成分的各个方面。研究了两种 DCPD 异构体的反应性,并探索了替代的含烯烃的修复剂。该研究团队已经获得了第一代 Grubbs 钌催化剂的稳定性、活性和成本等数据,最近,已经开始研究用于这些复合材料的替代催化剂。

另一种类似反应性的含二烯单体作为可能的替代修复剂也有人研究。例如,5-亚乙基-2-降冰片烯(ENB)在开环复分解聚合(ROMP)中的反应比 DCPD 快得多,并且其凝固点也比 DCPD(15℃)低得多。使用这种单体的缺点是所得到的聚合物是线性的,因此与 DCPD 相比,力学性能较差。Liu 等[60]测试了一种系统,该系统使用两种单体的混合物作为液体修复剂,以提高聚合速率和可用温度范围,同时保持理想的力学性能。添加 ENB 后聚合速度确实更快,并且催化剂使用较低的量即可完成。与采用纯单体及其不同比例的研究结果相比,含有 DCPD/ENB 混合物的样品在固化 120min 后显示出最高硬度。加入的 DCPD 和 ENB 可能是刚性和反应性增加的原因。

4.2.2 开环复分解聚合催化剂

众所周知,在自修复聚合物和复合材料中,热固性基体中嵌入的化学催化剂的活性,对自修复效率至关重要。这些系统选用的催化剂的稳定性和反应性存在一些问题。与其他复分解催化剂相比,Grubbs 催化剂最显著的优点之一是,当存在最常见的官能团(包括酸、醇、醛、酮甚至水)时,这些基团与烯烃基体的反应性好得令人难以置信[61-64]。然而,据报道,第一代 Grubbs 催化剂的亚烷基可通过与核心材料钌强烈配位,造成亚烷基官能团失活。例如,已知第一代 Grubbs 催化剂的亚烷基在乙腈、二甲基甲酰胺(DMF)和二甲基亚砜(DMSO)等可以配位的溶剂中快速分解,生成含钌化合物的复杂混合物[64]。

第一代 Grubbs 催化剂长时间暴露于空气和湿气会失活,并且据报道,暴露于二乙烯三胺(DETA)时会降低其反应性,二乙烯三胺是用于固化这些复合材料的环氧树脂基体的试剂[65]。除了催化剂的活性有限外,颗粒也容易团聚,根据 Kessler 和 White[59]的说法,这会导致样品内部分层。催化剂的有效浓度取决于暴露于断裂面上可以利用的催化剂量,以及催化剂在修复剂中的溶解速率。如果催化剂缺乏活性,会导致部分聚合,造成力学性能恢复较差。可以利用的催化剂量取决于催化剂的溶解速率和修复剂的聚合速率。Grubbs 催化剂存在不同的晶型,Jones 等[65]曾经报道,每种催化剂溶解动力学各异,这将影响相应材料的修复性能。较小的催化剂颗粒将具有较快的溶解动力学,但由于暴露于

DETA,活性会有较大降低。Taber 和 Frankowski[66]的报道称,分散于石蜡中的 Grubbs 催化剂易于处理,无需任何特殊储存预防措施,即可无限期保持其活性。Rule 等[67]利用这一知识设计了一个系统,在此系统中,首先将催化剂包封于石蜡中(石蜡包封),然后将其埋植入环氧树脂基体。就这些系统的总体有效性而言,已经证实,这种改进的方法是相当有效的。

为了使用石蜡包封方法修复样品,首先应该证明,石蜡在 DCPD 修复剂中可以有效溶解,然后能够发生修复反应。在石蜡包封过程中,可通过搅拌速率控制所制备的胶囊化催化剂微球的大小,方法与固化剂包封过程相同。将催化剂埋植入石蜡中的过程,这一工艺仅使其反应性降低了 9%,可以说相当低,尤其是当试验结果显示,石蜡与乙二胺接触后,催化剂的反应性仍高达 69% 时(从结构和反应性的角度,乙二胺与用于制造复合材料的 DETA 环氧固化剂相似[15])。在这项研究之后,通过研究这些微球大小对修复效率的影响,Wilson 等[68]扩展了将催化剂颗粒埋植入石蜡中的想法,同时还将催化剂引入到新的环氧树脂基体。这种基体材料因具有优越的力学性能和其他特性而被选中,并且还将乙烯基酯基团引入到树脂中。此后,通过胺-过氧化物类的自由基引发的乙烯基聚合固化该树脂。与 Grubbs 催化剂接触 DETA 固化剂导致的失活类似,接触该过氧化物也会导致催化活性降低。

Wilson 等[69]也探索了不同的钌催化剂,这些催化剂作为第一代 Grubbs 催化剂的替代品。理想情况下,此类化合物在修复剂中具有快速溶解、快速引发聚合、热稳定性高、易于加工和工作温度广的优点,并且对基体树脂和固化剂展现出化学稳定性。将第一代 Grubbs 催化剂与第二代 Grubbs 和第二代 Hoveyda – Grubbs 催化剂进行比较。对于 DCPD 的 ROMP,测量了溶液中各种催化剂的速率常数。研究结果显示,第一代 Grubbs 催化剂的速率常数为 $1.45 \times 10^{-4} s^{-1}$,第二代 Grubbs 催化剂的速率常数为 $4.3 \times 10^{-3} s^{-1}$,而 Hoveyda – Grubbs 催化剂因反应速度太快而无法测量。有趣的是,与第二代 Grubbs 催化剂相比,第一代 Grubbs 催化剂具有更快的本体聚合速率。此外,发现第二代 Grubbs 催化剂具有最佳的热稳定性,在 125℃ 时修复更为有效。

根据 Jones 等[65]的报道,在氮气氛围下温度高达 190℃ 时,在空气氛围下温度高达 140℃ 时,第一代催化剂仍可保持其活性。尽管 Grubbs 催化剂对空气和湿度以及许多不同的化学官能团具有耐受性[61],如前所述,已有报道,第一代催化剂与伯胺(如 DETA)接触时,仍会导致其化学活性降低[3]。Liu 等[70]使用振荡平行板流变仪,研究了悬浮于各种热固性树脂中的第一代或第二代 Grubbs 催化剂引发的 ROMP 基修复剂的流变行为。从流变行为角度,在室温和高温下,存在固化剂时,研究了将第一代和第二代 Grubbs 催化剂埋植入不同热固性基体树脂时的活性。这两种催化剂均保持活性,并能够引发 ROMP 反应。在所有环氧树脂基体中,发现第一代催化剂比第二代催化剂更为有效。ROMP 反应速率似乎与形态和分散度(影响溶解速率)有关。第一代 Grubbs 催化剂引发的修复剂凝胶化速度比第二代催化剂引发的凝胶化速度更快。Liu 等认为修复剂对催化剂的溶解速度是决定原位 ROMP 反应总速率的重要因素,并且证实了第一代催化剂中更细的棒状固体颗粒在整个固化基体中分布更均匀。

Wilson 等[71]还比较了第二代 Grubbs 催化剂与第一代 Grubbs 催化剂对于伯胺的稳定性的差异。对于这两种 Grubbs 催化剂,三环己基膦配体分别被正丁胺和二乙烯三胺所取代。结果是,形成了新的、稳定的钌胺络合物,该络合物在 ROMP 反应中展示出优异的活性,引发速率常数至少比合成它的第二代 Grubbs 催化剂大一个数量级。

本研究的另一方面是研究引入一种修复剂的添加剂——5-降冰片烯-2-羧酸(NCA),以促进基体材料和修复聚合物材料之间的相互作用。在这些试验中,第二代 Grubbs 催化剂性能始终优异,易于聚合 DCPD/NCA 混合物,比单独使用 DCPD 更能提高修复性能。这些激动人心的结果为进一步研究用于自主修复系统的替代活性修复剂和 ROMP 催化剂打开了大门。最近还探索了钌催化剂的替代品,因为含钌的催化剂通常价格昂贵,并且资源有限,因此不适用于更大规模的商业应用。Kamphaus 等[72]研究了钨(Ⅵ)催化剂,作为 Grubbs 钌催化剂的替代品,成本效益突出。在这些系统中,六氯化钨(WCl_6)作为催化剂的前体。

4.3 不含催化剂的环氧树脂/固化剂和包封用溶剂系统

由于自修复系统中使用催化剂的稳定性和成本问题,已经开发了替代系统,该替代系统基于自修复的基本前提条件不发生变化。

4.3.1 环氧树脂/固化剂系统

近年来,基于热固性聚合物复合材料的自修复系统引起了广泛关注,因为它们代表了一类重要的结构材料,这类材料具有长期的耐用性和可靠性[73-82]。Dry 等[73-74]使用由环氧树脂和胺固化剂组成的双组分环氧树脂黏合剂填充玻璃移液管,并将其埋植入环氧树脂基体。为了消除厚的空心玻璃毛细管可能引发复合材料失效的可能,Blayy 等使用直径与增强材料几乎相同的空心玻璃纤维,并采用环氧树脂-固化剂对作为修复剂[75]。然而,用修复物质填充这种细管非常困难。Jung 等[76]用脲醛树脂作为壁材料的微球储存环氧树脂单体,将其释放至裂缝,并于聚酯基体中将裂缝面重新黏合。环氧树脂的固化(即修复作用)由复合材料中过量的胺引发。White 等[77]指出,该方法不可行,因为胺基团没有保持足够的活性。Zako 和 Takano[78]提出了一种智能材料系统,用40%(体积分数)的未改性环氧树脂颗粒修复玻璃/环氧树脂复合层压板中的微裂缝和分层损伤。通过加热到120℃,埋植的环氧树脂颗粒(约50mm)在复合材料中会熔化,并流动到裂纹面,在过量胺的协同下修复损伤。Yuan 等[12]报道了一种含有环氧树脂——负载 PUF 的微胶囊的自修复环氧树脂复合材料。$CuBr_2$ 和2-甲基咪唑($CuBr_2(2-MeIm)_4$)复合材料用作潜在的固化剂,并在复合材料制造过程中预先将固化剂溶解于基体。在130℃下,由于释放的环氧树脂被 $CuBr_2(2-MeIm)_4$ 引发而固化,裂缝可自行修复。

众所周知,利用微胶囊包封的修复剂进行自修复具有巨大的实际应用潜力[1,17,79]。当涉及大规模生产、要求的保质期长、无需人工干预的自我修复时尤其如此。然而,尽管含有环氧树脂的微胶囊易于通过原位聚合和界面共聚合成,但将环氧类固化剂进行微胶囊化存在困难[11,80-82]。用于室温固化环氧树脂的传统胺型固化剂是两性的,具有很高的活性,因此很难通过化学方法包封于水或溶剂中。例如,在酸性条件下,它们不能用 PUF 包封。尽管使用物理挤出法可以生产某些装有固化剂的胶囊[83-84],如含有 DETA 和壬基酚混合物的海藻酸钠壁胶囊和含有二乙胺的热塑性壁材料的胶囊,但它们并不适合制备自修复复合材料。Yuan 等[85]深入研究了与用作修复剂的环氧树脂微胶囊化相关的工艺参数,研究结果显示,微胶囊化过程中通过调节 pH 值、表面活性剂类型、时间和加热速率控制微胶囊直径、壳壁尺寸以及核心材料含量的能力。另一个研究小组已开始研究用聚硫醇作为环氧树脂固化剂,而不使用胺类固化剂。胺类固化剂往往具有高活性,因此难以包封。Yuan 等[86]已报道在 MF 聚合物中将聚硫醇微胶囊化,可以提供修复更快、更稳定和更耐化学性的固化剂。在环氧树脂基体中使用环氧树脂作为修复剂是微胶囊自修复复合材料领域的一个重要进展。通过使用与周围基体相同的材料补充孔隙和填充裂缝,材料作为一个整体,可以保持均质、结构一致的样品。

4.3.2 包封用溶剂

早期报道的环氧树脂裂纹修复均要求高温条件才能修复[87]。已经观察到,原始材料断裂后的修复过程,是由于材料被加热到玻璃化转变温度(T_g)期间,残余的功能团分子扩散并发生反应[88-90]。添加溶剂有助于修复,也就是说,在高温条件下,使用乙醇和甲醇能够密封热塑性聚合物的裂纹[91]。另一个尚需验证的系统是将包封的修复剂整合于聚合物基体,利用溶剂促进修复。这一事实已经被 Lin 等所证明[92]。溶剂有助于聚合物样品的修复行为,主要是在润湿和扩散阶段。不同的溶剂被采用,如甲醇和/或乙醇[93,94]和四氯化碳[95],它们分别有助于聚甲基丙烯酸甲酯和聚碳酸酯的修复。修复机制涉及聚合物表面的润湿和块体聚合物材料的溶胀,这两个方面会导致跨裂纹面上链的交联反应和原始力学性能的恢复。已经证实,通过将聚合物浸入这些溶剂中可以降低聚合物基体的 T_g,可在室温或接近室温修复。

Caruso 等[96]将溶剂促进修复的这项研究应用到机械刺激自修复材料领域。在该系统中,溶剂被包封并埋植入聚合物基体。首先手动将溶剂注入到断裂的环氧树脂试样裂纹面,筛选溶剂的修复能力。研究发现,这些复合材料的修复效率与溶剂极性高度相关,硝基苯、N-甲基吡咯烷酮、二甲基乙酰胺、DMF 和二甲基亚砜的修复效率最高。这些极性非质子溶剂用作修复剂效果很好,而甲酰胺和水,这两种极性质子溶剂,则没有修复的迹象。使用 UF 包封还是使用反相包封技术,溶剂的包封过程都被证明存在问题。唯一相对容易包封的溶剂是氯苯,胶囊的平均直径为 160mm。已经证明,用这种包封溶剂,系统具有良好的自修复能力。使用 20%(质量分数)氯苯微胶囊制备复合材料,其最大修复效率为 82%。使用类似的二甲苯制备的复合材料,修复效率仅为 38%,而使用己烷的复合材料,修复效率为 0。这一事实进一步证明,修复效率对溶剂极性有依赖性(图 4.7)。

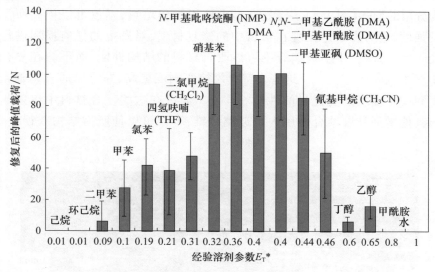

图 4.7 自修复所用的溶剂随极性变化的测试结果汇总
(经验溶剂参数(ET)与极性有关,如文献[97-98]所述。误差条代表基于 5~10 个样本的标准偏差。本图经许可,转自文献[98])

Caruso 等[99]报道了基于环氧树脂材料溶剂自修复的两个重大进展。首先,通过将含有环氧单体和溶剂混合物的微胶囊埋植入环氧树脂基体,实现了裂纹扩展后能够完全恢复断裂韧性的自主系统。使用微胶囊化的环氧树脂溶剂进行自修复优于仅含有溶剂的胶囊,报道了该系统的多个修复实例。其次,报道了新溶剂(包括芳香酯)的有效修复,选择的新溶剂的毒性明显低于以前使用的溶剂氯苯。初步老化研究表明,使用氯苯或苯乙酸乙酯作为溶剂,环氧溶剂体系在环境条件下的稳定性至少可达1个月。最后,Yang 等[22]报道了通过PU的界面聚合制备含有活性高的二异氰酸酯的微胶囊,用于自修复聚合物。异氰酸酯是一种不需要催化剂的、潜在的修复剂,能够在湿润或潮湿的环境中与水发生反应,从而实现修复。通过控制搅拌速度,已经制备出直径为40~400mm的微胶囊。环境条件下储存6个月后,微胶囊仍保持稳定,检测到的异佛尔酮二异氰酸酯损失仅约为10%(质量分数)。

4.4 中空玻璃纤维系统——双组分环氧树脂

为了提高工程结构的性能,开发了先进纤维增强聚合物(FRP),主要因为这类材料具有优良的比强度和刚度。然而,FRP 微观结构的平面性质,导致这类材料对于撞击荷载性能相对较差。这表明这类材料易于损伤,且损伤主要表现为分层的形式(图4.8)。修复材料中使用增强填料,不仅可以提高所需系统的强度,还可以通过预埋在材料中的修复材料,对发生的任何损坏进行自修复。已经证明,中空玻璃纤维可以改善材料的结构性能,而不会在复合材料中产生缺陷区[100-101]。这些中空纤维抗弯刚度更高,并可以通过调整壳体厚度和中空度实现更优异的性能[102-103]。通过在这些复合材料中单独或使用与其他增强纤维结合使用中空玻璃纤维,不仅可以使所需结构获得改进,

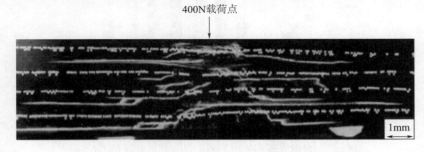

图4.8 含有染料的 GFRP 层压板的撞击损伤横截面
(显示了修复剂的流动。本图经许可,转自文献[10])

而且可以引入适合容纳修复剂的储存容器[101,104]。在受到机械刺激(损伤导致纤维断裂)时,这种修复剂会"渗入"损伤部位启动修复,这与生物自修复机制不同[105-106]。

Dry[110]和Williams等[108]研究的第一个系统已经证明,由修复纤维中释放化学物质的结构是可能的。之后,作者使用氰基丙烯酸盐、氰基丙烯酸乙酯[109-110]和甲基丙烯酸甲酯[111-112]作为修复剂来修复混凝土裂缝。然后,Motuku等[113]将该方法引入聚合物复合材料。玻璃纤维中包含的修复剂是单组分黏合剂,如氰基丙烯酸酯,或是包含树脂和固化剂的双组分环氧树脂系统,其中两种材料均装载入垂直纤维中,或者一种材料埋植于基体中,另一种材料埋植于纤维中[92]。

创建这种类型的自修复系统时遇到的最初挑战之一,是开发一种用修复剂填充中空玻璃纤维的实用技术。处理此问题时,必须考虑玻璃纤维本身的尺寸,包括直径、壁厚、纤维中空度以及修复剂的黏度和修复动力学。Bleay等[75]是最早开发和实施纤维填充方法的研究者之一,该方法涉及真空辅助的"毛细管作用",真空处理是目前常用的工艺。此外,还应评估所选玻璃纤维在复合材料制造过程中不发生断裂的能力,同时还应评估其在损伤发生时可以断裂的能力,以释放所需修复剂。Motuku等[113]已确切地证实了,中空玻璃纤维最适合此类应用,聚合物管或金属管则不行,后者通常不会在撞击损伤时可控地断裂。Hucker等[103]已经证明,直径较大(30~60mm)的中空玻璃纤维具有更高的抗压强度,同时可在复合材料中储存大量修复剂。需要研究的第二个重要参数是修复剂如何充分到达损伤部位,并具有随后进行修复的能力。这种机理显然取决于修复材料的黏度以及修复过程的动力学。例如,Bleay等[75]研究的氰基丙烯酸酯体系可恢复受损试样的机械强度,但也会与纤维开口接触后固化,导致严重问题,从而阻碍修复剂到达试样的损伤部位。还有多种研究[92,101,105-106,113]使用复合材料内部的液体染料作为损伤检测机制,提供损伤部位可以观察的指示,能够准确评估修复剂流向这些部位的情况。最后,需要优化的第三个参数是基体中修复纤维的含量、它们的空间分布和试样的尺寸,所有这些参数都会直接影响合成材料的力学性能。正如Jang等[114]所证明的那样,复合材料中纤维的堆叠顺序在抑制塑性变形和分层方面发挥了作用,也将影响对撞击损伤事件的响应。为了保持较高的力学性能,修复后的纤维需要在复合材料中有足够的间距。Motuku等[113]的研究表明,较厚的复合材料在修复过程中表现更好。然而,这些参数将取决于纤维尺寸的选择,以及用于修复剂的化学物质的选择,因此,优化将取决于所研究系统的各种技术参数。

直到最近,对自修复中空纤维复合材料所做的大多数研究,都集中于证明这种自修复概念的可行性,并定性地报告所研究系统的自修复能力。最近,许多研究已经定量地报道了与材料修复相关的力学性能。Williams 等[104]和 Trask、Bond[107]已经证明,将中空玻璃纤维加入复合材料系统,会导致材料强度开始降低,在玻璃纤维增强聚合物(GFRP)复合材料中降低了16%,在碳纤维增强聚合物(CFRP)复合材料中降低了8%。结果表明,这些"自修复"复合材料可恢复100%的 GFRP 初始强度和97%的 CFRP 初始强度。在这两种情况下,对复合材料进行热处理,以帮助其将树脂输送到受损区域,并有助于修复剂的固化。最近,Williams 等[108]已经考虑开发 CFRP 内的自修复。他们已经证明,当树脂填充的中空玻璃纤维系统分布在层压板内的特定界面时,强度能够显著恢复(>90%),从而最大限度地减少力学性能的降低,同时最大限度地提高修复效率。

4.5 微脉管型网络系统

一旦了解了将微脉管型网络纳入复合材料的仿生方法,就可以开发出一类新的自修复材料。正如 Stroock 和 Cabodi[115]所述,可以通过软光刻方法创建这些微脉管型网络,在软光刻方法中,可以同时制造所有微脉管,或者通过直接写入方法创建微脉管,这更适合于构建三维微脉管型结构。然后,可以用液体修复剂填充微脉管。一旦微脉管通道损坏,液体将释放到复合材料,随后进行修复。正如 Murphy 和 Wudl[15]所报道的那样,在生物系统中,可以广泛观察到复杂的微脉管型网络,如叶脉[116-119]和血管形成[120-122]。事实上,在后一种情况下,人体循环系统由不同直径和长度的血管组成,即动脉、静脉和毛细血管。这些血管在一个分支系统中共同发挥作用,同时向身体的所有部位供血。然而,由于其复杂的结构,对于那些追求合成类似生物结构的研究者而言,这些微脉管型系统的复制仍然是一个重大挑战。各种技术,包括软光刻术[123-125]、激光消融[126-127]和直写无模成型[128]已经用于创建平面和三维微脉管型网络。最近的研究集中于制造含有自修复材料的微脉管型网络,目的是开发仿生材料。同时使用玻璃纤维和微胶囊系统的主要优点之一是,它们能够多次修复材料中的同一部位。这是一个非常有吸引力的选项,这是因为,通常第二次断裂会沿着起始裂纹平面发生。通过为材料提供准连续的修复剂流,可以实现多个修复周期。

Toohey 等[129]介绍了第一种此类复合材料的其中一种。作者报道了能够自修复重复损伤的自修复系统。根据他们对该系统的报道,在该系统中,仿生涂层——基体通过三维微脉管型网络向聚合物涂层中的裂纹中输送修复剂[128],

并且可以反复修复环氧涂层中的裂纹损伤。如上所述,这种方法为持续提供用于自我修复的修复剂,以及用于具有附加功能的其他活性物质开辟了新的可能性。该系统利用液体 DCPD 作为修复剂,结合固体 Grubbs 催化剂,开始 DCPD 的 ROMP 聚合修复。在报道中,将催化剂加入到一层 700mm 厚的环氧涂层中,该涂层被涂敷于微脉管型基板的顶面,200mm 宽的通道成功地填充 DCPD,然后被密封。在顶部涂层使用 10%(质量分数)的催化剂时,该系统的峰值修复效率高达 70%,并且已经证明,这种方法可以维持长达 7 个周期的修复。顶部环氧树脂层中催化剂的量不影响每个周期的平均修复效率,但限制了测试和修复周期的成功次数。事实上,一旦系统中所有催化剂都使用完毕,即使单体可以连续供应,由于裂纹面内催化剂的耗尽,修复也会停止。

为了克服这一局限性,Toohey 等[129]在 2007 年对该设计进行了修改,在嵌入式微脉管型网络内,对 4 个独立区域进行了光刻。根据他们的报告,通过隔离嵌入聚合物基板内的多个微脉管型网络,在聚合物涂层输送双组分环氧树脂和修复物质,反复修复裂纹的损伤。作者首先使用直写无模成型方法创建了一个连续、互连的微脉管型网络;然后,用光固化树脂填充网络,并选择性地光聚合这些树脂填充的微脉管的薄平行部分,从而隔离多个网络。环氧树脂和胺基固化剂通过两组独立的脉管网络被输送到裂缝面,这两组脉管网络埋植入涂层下方的具有延展性的聚合物基板。这两种活性成分在微脉管网络中保持隔离和稳定,直到涂层在机械载荷下形成裂纹。这两种修复成分都是通过毛细力进入裂缝面,它们在裂纹面上发生反应,并有效地黏结裂纹。评估了几种环氧树脂和固化剂组合在微脉管型自主修复系统中的适用性。23 个周期中,多达 16 个间歇性修复实例的修复效率超过 60%。

在一项相关工作中,Williams 等发表了他们版本的微脉管型结构,其中包含机械刺激可修复材料,其形式为夹层结构复合结构,包含单[130]或双[131]流体网络。在单网络设计中,夹层结构使用高性能蒙皮材料,如玻璃或碳纤维复合材料,用轻质的芯材料隔开,以获得具有极高比弯曲刚度的材料。夹层结构中的微脉管网络可以解决比这些系统预期更大的损伤体积,并能够多次修复。样品是用含有修复剂的具有通道的材料制成的,修复剂对复合材料的力学性能影响可忽略不计。通道破裂时释放修复液,填充因撞击而损伤的样品形成的孔隙。对含有预混合树脂和固化剂的样品进行初步试验,以证明该系统的修复能力。事实上,这些样品显示出撞击损伤中失效时的压缩应力的一致性和恢复完全性。在其双网络设计中,当样品被挤压造成未混合的双流体渗入时,可观察到明显的修复效果[131](图 4.9)。

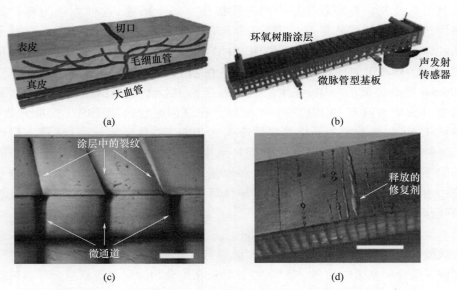

图 4.9 具有三维微脉管型网络的自修复材料(经许可复制自文献[129])
(a)表皮层有切口的皮肤真皮层毛细血管网络示意图;(b)由微脉管型基板和含有埋植入催化剂的脆性环氧涂层组成的自修复结构示意图,用声发射传感器监测四点弯曲结构;(c)涂层的高倍率横截面图像,显示从表面开始的裂纹向界面处的微脉管型开口传播(比例尺为0.5mm);
(d)涂层中形成裂纹后自修复结构的光学图像[含2.5%(质量分数)催化剂],
显示涂层表面上存在过量的修复液(比例尺为5mm)。

4.6　金属结构的自修复涂层

金属结构腐蚀对经济产生巨大影响,这是一个非常严重的问题。通常,当观察到材料失效时,需要快速进行现场特定测试。尽管在金属和合金的防腐涂层方面进行了大量的研究和开发,但实际产生的性能结果并不总是令人满意。此外,由于环境条件的巨大变化,开发能够保护和延长结构使用寿命的涂料,仍然是一个巨大的挑战。因此,为了提高结构设备的服役期,开发用于缓蚀的新型先进智能/自修复涂层配方势在必行。在这种背景下,在受到各种环境影响时,自修复材料无需外部干预即可做出响应,因此,在先进工程系统中具有巨大潜力[1,5,13,24,132-144]。自修复涂层能够自动修复并防止底层基材的腐蚀,这一点尤其令人感兴趣。值得注意的是,据估计,全球每年的腐蚀成本接近3000亿美元[145]。最近对自修复聚合物的研究表明,这种材料可以修复大量的机械损伤,并在受到疲劳损伤时显著提高寿命。然而,无论从化学角度还是机械角度,大多数这类系统都受到严重的限制,无法用作涂层。传统上,金属系统表面一般应用聚合物涂层,以提供针对腐蚀性物质的致密屏障。除涂层外,阴极保护还有许多用途,以保护金属结构在涂层损坏时免受腐蚀。因此,自修复涂层被视为有效防腐的替代方法,同时降低阴极保护的应用需求。

Cho 等[146]从硅氧烷基材料系统开始,探索了两种自修复涂层方法。在第一种方法中,将催化剂微胶囊化,硅氧烷被用作相分离的液滴。在第二种方法中,硅氧烷也被包封并分散于涂层基体。在基体可与修复剂反应的情况下,对这两个相(催化剂和修复剂)进行包封是有利的。Aramaki[147-148]预先在 Ce $(NO_3)_3$ 溶液中处理过的锌电极上,制备了具有高度保护能力和自修复功能的膜,膜材料为含有硅酸钠和硝酸铈的有机硅氧烷聚合物。将电极划伤,并在溶液中浸泡数小时后,通过在充气的 0.5mol/L NaCl 溶液中对电极进行极化测量,来检查薄膜的自修复功能,并且研究了薄膜在 NaCl 溶液中的自修复机理。在划痕的表面上形成了钝化膜,从而抑制划痕处的点蚀。最近,Aramaki 和 Shimura[149-150]在钝化的铁电极上制备了超薄的二维聚合物涂层,随后采用硝酸钠进行修复。通过覆盖聚合物涂层和 0.1mol/L $NaNO_3$ 中的修复处理,可显著阻止局部腐蚀。事实上,观察到了铁在 0.1mol/L NaCl 溶液中免受腐蚀的证据。

开发有效的缓蚀剂涂层,以防止引发金属和合金的腐蚀,并抑制金属和合金的电偶活性,一直是一个具有挑战性的问题。最近,美国陆军工程研究开发中心、建筑工程研究实验室和其他单位[151-153]的研究人员共同努力,开发了自修复缓蚀剂,以减少或防止金属硬件的腐蚀。此前,重金属基环氧底漆预处理系统[154-155],包括季铵盐基和多功能微胶囊缓蚀剂系统[153],已经证明了金属和合金的防腐性能。研究表明,由于划痕处存在微胶囊,受到腐蚀后的面板上的受损膜区,几乎没有出现薄膜的隆起和起泡[156]。在钢表面刷漆以进行保护之前,对于在实验室和自然热带海岸环境中暴露于 ASTMD5894[157]电解液时,Mehta 和 Bogere[156]评估了在环氧底漆中加入智能/自修复微胶囊缓蚀剂的防腐效果,研究结果清楚地表明,首先,活性成分成功释放,其次,未受损的表面膜展现出优异的腐蚀抑制性能,这从目视检查和电化学阻抗谱试验数据中都可以看出。

总之,本节介绍的结果应该有助于理解智能抑制剂涂层的基础材料 - 性能关系。因此,应促进优化涂料成分的开发,以延长钢结构的使用寿命。

参考文献

[1] S. R. White, N. R. Sottos, P. H. Geubelle, et al., *Nature*, 2001, 409, 6822, 794.

[2] J. M. Asua, *Progress in Polymer Science*, 2002, 27, 7, 1283.

[3] E. N. Brown, N. R. Sottos and S. R. White, *Experimental Mechanics*, 2002, 42, 4, 372.

[4] M. R. Kessler, N. R. Sottos and S. R. White, *Composites Part A: Applied Science and Manufac-

turing,2003,34,8,743.
[5] E. N. Brown, S. R. White and N. R. Sottos, *Journal of Materials Science*,2004,39,5,1703.
[6] E. N. Brown, S. R. White and N. R. Sottos, *Composites Science and Technology*,2005,65,15 - 16,2466.
[7] E. N. Brown, S. R. White and N. R. Sottos, *Composites Science and Technology*,2005,65,15 - 16,2474.
[8] A. S. Jones, J. D. Rule, J. S. Moore, N. R. Sottos and S. R. White, *Journal of the Royal Society - Interface*,2007,4,13,395.
[9] E. N. Brown, M. R. Kessler, N. R. Sottos and S. R. White, *Journal of Microencapsulation*, 2003,20,6,719.
[10] S. Cosco, V. Ambrogi, P. Musto and C. Carfagna, *Macromolecular Symposia*,2006,234,1,184.
[11] L. Yuan, G. Liang, J. Q. Xie, L. Li and J. Guo, *Polymer*,2006,47,15,5338.
[12] L. Yuan, G. Z. Liang, J. Q. Xie, L. Li and J. Guo, *Journal of Materials Science*,2007,42,12, 4390.
[13] T. Yin, M. Z. Rong, M. Q. Zhang and G. C. Yang, *Composites Science and Technology*,2007, 67,2,201.
[14] B. J. Blaiszik, M. M. Caruso, D. A. McIlroy, J. S. Moore, S. R. White and N. R. Sottos, *Polymer*,2009,50,4,990.
[15] E. B. Murphy and F. Wudl, *Progress in Polymer Science*,2010,35,1 - 2,223.
[16] M. W. Keller and N. R. Sottos, *Experimental Mechanics*,2006,46,6,725.
[17] J. D. Rule, N. R. Sottos and S. R. White, *Polymer*,2007,48,12,3520.
[18] B. J. Blaiszik, N. R. Sottos and S. R. White, *Composites Science and Technology*,2008,68,3 - 4,978.
[19] S - J. Park, Y - S. Shin and J - R. Lee, *Journal of Colloid and Interface Science*,2001,241,2, 502.
[20] L. Yuan, G - Z. Liang, J - Q. Xie and S - B. He, *Colloid and Polymer Science*,2007,285,7, 781.
[21] Y. C. Yuan, M. Z. Rong, M. Q. Zhang, J. Chen, G. C. Yang and X. M. Li, *Macromolecules*, 2008,41,14,5197.
[22] J. Yang, M. W. Keller, J. S. Moore, S. R. White and N. R. Sottos, *Macromolecules*, 2008, 41, 24,9650.
[23] X. Liu, X. Sheng, J. K. Lee and M. R. Kessler, *Macromolecular Materials and Engineering*, 2009,294,6 - 7,389.
[24] J. Y. Lee, G. A. Buxton and A. C. Balazs, *Journal of Chemical Physics*,2004,121,11,5531.
[25] Z. Zhang, R. Saunders and C. R. Thomas, *Journal of Microencapsulation*,1999,16,1,117.
[26] G. Sun and Z. Zhang, *Journal of Microencapsulation*,2001,18,5,593.
[27] G. Sun and Z. Zhang, *International Journal of Pharmaceutics*,2002,242,1 - 2,307.
[28] L - Y. Chu, R. Xie, J - H. Zhu, W - M. Chen, T. Yamaguchi and S - I. Nakao, *Journal of*

Colloid and Interface Science, 2003, 265, 1, 187.
[29] S. Zywicki and A. Bartkowiak, *Przeglad Papierniczy*, 2005, 61, 5, 261.
[30] M. A. White, *Journal of Chemical Education*, 1998, 75, 9, 1119.
[31] S. K. Ghosh, in *Functional Coatings by Polymer Encapsulation*, Ed., S. K. Ghosh, Wiley – VCH Verlag GmbH & Co. KgaA, Weinheim, Germany, 2006, p. 15.
[32] M. Ozdemir and T. Cevik, in *Encapsulation and Controlled Release Technologies in Food Systems*, Ed., J. M. Lakkis, Blackwell Publishers, Oxford, 2007, p. 201.
[33] C. Andersson, L. Järnström, A. Fogden, et al., *Packaging Technology and Science*, 2009, 22, 5, 275.
[34] S. D. Mookhoek, B. J. Blaiszik, H. R. Fischer, N. R. Sottos, S. R. White and S. Zwaaga, *Journal of Materials Chemistry*, 2008, 18, 44, 5390.
[35] E. Haddad, R. V. Kruzelecky, W. P. Liu, and S. V. Hoa, *Innovative Selfrepairing of Space CFRP Structures and Kapton Membranes – A Step Towards Completely Autonomous Health Monitoring and Self – healing*, Final Report, ContractNo: CSA#28 – 7005715, Canadian Space Agency, Quebec, Canada, 2009.
[36] M. W. Keller, S. R. White and N. R. Sottos, *Polymer*, 2008, 49, 13 – 14, 3136.
[37] J. Schrooten, V. Michaud, J. Parthenios, et al., *Materials Transactions*, 2002, 43, 5, 961.
[38] K. A. Tsoi, J. Schrooten and R. Stalmans, *Materials Science and Engineering A*, 2004, 368, 1 – 2, 286.
[39] C. A. Rogers, C. Liang and S. Li, *Proceedings of the AIAA/ASME/ ASCE/AMS/ASC 32nd Conference – Structures, Structural Dynamics and Materials Conference*, Baltimore, MD, 1991, p. 1190.
[40] E. L. Kirkby, J. D. Rule, V. J. Michaud, N. R. Sottos, S. R. White and J – A. E. Månson, *Advanced Functional Materials*, 2008, 18, 15, 2253.
[41] G. Zhou and L. J. Greaves, *Impact Behavior of Fibre – reinforced Composite Materials*, Eds., S. R. Reid and G. Zhou, Woodhead Publishing Ltd, Cambridge and CRC Press LLC, Boca Raton, FL, 2000, p. 133.
[42] A. A. Baker, R. Jones and R. J. Callinan, *Composite Structures*, 1985, 4, 1, 15.
[43] J. C. Prichard and P. J. Hogg, *Composites*, 1990, 21, 6, 503.
[44] F. J. Guild, P. J. Hogg and J. C. Prichard, *Composites*, 1993, 24, 4, 333.
[45] Y. Xiong, C. Poon, P. V. Straznicky and H. Vietinghoff, *Composite Structures*, 1995, 30, 4, 357.
[46] A. S. Chen, D. P. Almond and B. Harris, *International Journal of Fatigue*, 2002, 24, 2 – 4, 257.
[47] D. Y. Konishi and W. R. Johnston, *Proceedings of the ASTM 5th Composite Materials Conference: Testing and Design*, New Orleans, LA, 1978, p. 597.
[48] M. Mitrovic, H. T. Hahn, G. P. Carman and P. Shyprykevich, *Composites Science and Technology*, 1999, 59, 14, 2059.
[49] R. L. Ramkumar, *Proceedings of the ASTM Long – term Behavior of Composites Conference*,

Williamsburg, VA, 1983, p. 116.
[50] S. H. Myhre and J. D. Labor, *Journal of Aircraft*, 1981, 18, 7, 546.
[51] R. B. Heslehurst, *SAMPE Journal*, 1997, 33, 5, 11.
[52] R. B. Heslehurst, *SAMPE Journal*, 1997, 33, 6, 16.
[53] L. Dorworth, G. Gardiner and A. Training, *Journal of Advanced Materials*, 2007, 39, 4, 3.
[54] A. J. Patel, N. R. Sottos, E. D. Wetzel and S. R. White, *Composites Part A: Applied Science and Manufacturing*, 2010, 41, 3, 360.
[55] S. J. Kalista Jr., T. C. Ward and Z. Oyetunji, *Mechanics of Advanced Materials and Structure*, 2007, 14, 5, 391.
[56] K. Nagaya, S. Ikai, M. Chiba and X. Chao, *JMSE International Journal Series C*, 2006, 49, 2, 379.
[57] B. A. Beiermann, M. W. Keller and N. R. Sottos, *Smart Materials and Structures*, 2009, 18, 8, 085001.
[58] J. G. Kirk, S. Naik, J. C. Moosbrugger, D. J. Morrison, D. Volkov and I. Sokolov, *International Journal of Fracture*, 2009, 159, 101.
[59] M. R. Kessler and S. R. White, *Composites Part A: Applied Science and Manufacturing*, 2001, 32, 5, 683.
[60] X. Liu, J. K. Lee, S. H. Yoon and M. R. Kessler, *Journal of Applied Polymer Science*, 2006, 101, 3, 1266.
[61] T. M. Trnka and R. H. Grubbs, *Accounts of Chemical Research*, 2001, 34, 1, 18.
[62] A. Fürstner, *Angewandte Chemie International Edition*, 2000, 39, 17, 3012.
[63] R. H. Grubbs and S. Chang, *Tetrahedron*, 1998, 54, 18, 4413.
[64] R. H. Grubbs, *Handbook of Metathesis*, Wiley – VCH Verlag GmbH & Co. KgaA, Weinheim, Germany, 2003.
[65] A. S. Jones, J. D. Rule, J. S. Moore, S. R. White and N. R. Sottos, *Chemistry of Materials*, 2006, 18, 5, 1312.
[66] D. F. Taber and K. J. Frankowski, *The Journal of Organic Chemistry*, 2003, 68, 15, 6047.
[67] J. D. Rule, E. N. Brown, N. R. Sottos, S. R. White and J. S. Moore, *Advanced Materials*, 2005, 17, 2, 205.
[68] G. O. Wilson, J. S. Moore, S. R. White, N. R. Sottos and H. M. Andersson, *Advanced Functional Materials*, 2008, 18, 1, 44.
[69] G. O. Wilson, M. M. Caruso, N. T. Reimer, S. R. White, N. R. Sottos and J. S. Moore, *Chemistry of Materials*, 2008, 20, 10, 3288.
[70] X. Liu, X. Sheng, J. K. Lee, M. R. Kessler and J. S. Kim, *Composites Science and Technology*, 2009, 69, 13, 2102.
[71] G. O. Wilson, K. A. Porter, H. Weissman, S. R. White, N. R. Sottos and J. S. Moore, *Advanced Synthesis and Catalysis*, 2009, 351, 11 – 12, 1817.
[72] J. M. Kamphaus, J. D. Rule, J. S. Moore, N. R. Sottos and S. R. White, *Journal of the Royal*

Society – Interface, 2008, 5, 18, 95.

[73] C. Dry and N. R. Sottos, SPIE Proceedings Volume 1916, *Smart Structures and Materials*: *Smart Materials*, Ed., V. K. Varadan, Bellingham, WA, 1993, p. 438.

[74] C. Dry, *Composite Structures*, 1996, 35, 3, 263.

[75] S. M. Bleay, C. B. Loader, V. J. Hawyes, L. Humberstone and P. T. Curtis, *Composites Part A*: *Applied Science and Manufacturing*, 2001, 32, 12, 1767.

[76] D. Jung, A. Hegeman, N. R. Sottos, P. H. Geubelle and S. R. White, *The American Society for Mechanical Engineers*, Materials Division, 1997, 80, 265.

[77] S. R. White, N. R. Sottos, P. H. Geubelle, et al., inventors; University of Illinois, assignee; US 6858659, 2005.

[78] M. Zako and N. Takano, *Journal of Intelligent Material Systems and Structures*, 1999, 10, 10, 836.

[79] N. R. Sottos, S. R. White and I. Bond, *Journal of the Royal Society – Interface*, 2007, 4, 13, 347.

[80] S. Matsuo, I. Usami, M. Kurihara and K. Nakashima, inventors; Three Bond Co, assignee; EP 0543675A1, 1993.

[81] R. L. Hart, D. E. Work and C. E. Davis, inventors; Capsulated Systems, Inc., assignee; US 4536524, 1985.

[82] D. S. Xiao, M. Z. Rong and M. Q. Zhang, *Polymer*, 2007, 48, 16, 4765.

[83] C. E. Schuetze, inventor; Amp Inc., assignee; US 3396117, 1968.

[84] C. R. Goldsmith, inventor; Phillips Petroleum Co., assignee; US 3791980, 1974.

[85] L. Yuan, A. Gu and G. Liang, *Materials Chemistry and Physics*, 2008, 110, 2 – 3, 417.

[86] Y. C. Yuan, M. Z. Rong and M. Q. Zhang, *Polymer*, 2008, 49, 10, 2531.

[87] J. O. Outwater and D. J. Gerry, *Journal of Adhesion*, 1969, 1, 4, 290.

[88] K. Jud and H. H. Kausch, *Polymer Bulletin*, 1979, 1, 10, 697.

[89] R. P. Wool and K. M. O'Connor, *Journal of Applied Physics*, 1981, 52, 10, 5953.

[90] J. Raghavan and R. P. Wool, *Journal of Applied Polymer Science*, 1999, 71, 5, 775.

[91] J – S. Shen, J. P. Harmon and S. Lee, *Journal of Materials Research*, 2002, 17, 6, 1335.

[92] C. B. Lin, S. Lee and K. S. Liu, *Polymer Engineering and Science*, 1990, 30, 21, 1399.

[93] P – P. Wang, S. Lee and J. P. Harmon, *Journal of Polymer Science*, (Part B: Polymer Physics) Edition, 1994, 32, 7, 1217.

[94] H – C. Hsieh, T – J. Yang and S. Lee, *Polymer*, 2001, 42, 3, 1227.

[95] T. Wu and S. Lee, *Journal of Polymer Science, Part B: Polymer Physics Edition*, 1994, 32, 12, 2055.

[96] M. M. Caruso, D. A. Delafuente, V. Ho, N. R. Sottos, J. S. Moore and S. R. White, *Macromolecules*, 2007, 40, 25, 8830.

[97] C. Reichardt, *Solvents and Solvent Effects in Organic Chemistry*, Wiley – VCH, New York, NY, 1988, p. 407.

[98] M. M. Caruso, D. A. Delafuente, V. Ho, N. R. Sottos, J. S. Moore, and S. R. White, *Macromolecules*, 2007, 40, 8830.

[99] M. M. Caruso, B. J. Blaiszik, S. R. White, N. R. Sottos, and J. S. Moore, *Advanced Functional Materials*, 2008, 18, 13, 1898.

[100] M. J. Hucker, I. P. Bond, S. Haq, S. Bleay and A. Foreman, *Journal of Materials Science*, 2002, 37, 2, 309.

[101] R. S. Trask, G. J. Williams and I. P. Bond, *Journal of the Royal Society – Interface*, 2007, 4, 13, 363.

[102] M. Hucker, I. Bond, A. Foreman and J. Hudd, *Advanced Composites Letters*, 1999, 8, 4, 181.

[103] M. Hucker, I. Bond, S. Bleay and S. Haq, *Composites Part A: Applied Science and Manufacturing*, 2003, 34, 10, 927.

[104] G. Williams, R. Trask and I. Bond, *Composites Part A: Applied Science and Manufacturing*, 2007, 38, 6, 1525.

[105] J. W. C. Pang and I. P. Bond, *Composites Science and Technology*, 2005, 65, 11–12, 1791.

[106] J. W. C. Pang and I. P. Bond, *Composites Part A: Applied Science and Manufacturing*, 2005, 36, 2, 183.

[107] R. S. Trask and I. P. Bond, *Smart Materials and Structures*, 2006, 15, 3, 704.

[108] G. J. Williams, I. P. Bond and R. S. Trask, *Composites Part A: Applied Science and Manufacturing*, 2009, 40, 9, 1399.

[109] V. C. Li, Y. M. Lim and Y-W. Chan, *Composites Part B: Engineering*, 1998, 29, 6, 819.

[110] C. Dry, *International Journal of Modern Physics B*, 1992, 6, 15–16, 2763.

[111] C. Dry and W. McMillan, *Smart Materials and Structures*, 1996, 5, 3, 297.

[112] C. Dry, *Smart Materials and Structures*, 1994, 3, 2, 118.

[113] M. Motuku, U. K. Vaidya and G. M. Janowski, *Smart Materials and Structures*, 1999, 8, 5, 623.

[114] B. Z. Jang, L. C. Chen, L. R. Hwang, J. E. Hawkes and R. H. Zee, *Polymer Composites*, 1990, 11, 3, 144.

[115] A. D. Stroock and M. Cabodi, *MRS Bulletin*, 2006, 31, 2, 114.

[116] G. B. West, J. H. Brown and B. J. Enquist, *Nature*, 1999, 400, 6745, 664.

[117] A. Roth-Nebelsick, D. Uhl, V. Mosbrugger and H. Kerp, *Annals of Botany*, 2001, 87, 5, 553.

[118] N. M. Holbrook and M. A. Zwieniecki, *Vascular Transport in Plants*, Elsevier Academic Press, Burlington, MA, 2005.

[119] L. Sack and K. Frole, *Ecology*, 2006, 87, 2, 483.

[120] G. B. West, J. H. Brown and B. J. Enquist, *Science*, 1997, 276, 5309, 122.

[121] B. Sapoval, M. Filoche and E. R. Weibel, *Proceedings of the National Academy of Sciences of the United States of America*, 2002, 99, 16, 10411.

[122] R. K. Jain, *Science*, 2005, 307, 5706, 58.

[123] N. W. Choi, M. Cabodi, B. Held, J. P. Gleghorn, L. J. Bonassar and A. D. Stroock, *Nature Materials*, 2007, 6, 11, 908.

[124] M. K. Runyon, B. L. Johnson – Kerner, C. J. Kastrup, T. G. Van Ha and R. F. Ismagilov, *Journal of the American Chemical Society*, 2007, 129, 22, 7014.

[125] J. M. Higgins, D. T. Eddington, S. N. Bhatia and L. Mahadevan, *Proceedings of the National Academy of Sciences of the United States of America*, 2007, 104, 51, 20496.

[126] D. Lim, Y. Kamotani, B. Cho, J. Mazumder and S. Takayama, *Lab on a Chip*, 2003, 3, 4, 318.

[127] D. H. Kamand J. Mazumder, *Journal of Laser Applications*, 2008, 20, 3, 185.

[128] D. Therriault, S. R. White and J. A. Lewis, *Nature Materials*, 2003, 2, 4, 265.

[129] K. S. Toohey, N. R. Sottos, J. A. Lewis, J. S. Moore and S. R. White, *Nature Materials*, 2007, 6, 8, 581.

[130] H. R. Williams, R. S. Trask and I. P. Bond, *Smart Materials and Structures*, 2007, 16, 4, 1198.

[131] H. R. Williams, R. S. Trask and I. P. Bond, *Composites Science and Technology*, 2008, 68, 15 – 16, 3171.

[132] M. W. Keller, S. R. White and N. R. Sottos, *Advanced Functional Materials*, 2007, 17, 14, 2399.

[133] D. G. Shchukin and H. Möhwald, *Small*, 2007, 3, 6, 926.

[134] X. X. Chen, M. A. Dam, K. Ono, et al., *Science*, 2002, 295, 5560, 1698.

[135] X. X. Chen, F. Wudl, A. K. Mal, H. B. Shen and S. R. Nutt, *Macromolecules*, 2003, 36, 6, 1802.

[136] F. R. Kersey, D. M. Loveless and S. L. Craig, *Journal of the Royal Society – Interface*, 2007, 4, 13, 373.

[137] P. Cordier, F. Tournilhac, C. Soulié – Ziakovic and L. Leibler, *Nature*, 2008, 451, 7181, 977.

[138] S. Gupta, Q. L. Zhang, T. Emrick, A. C. Balazs and T. P. Russell, *Nature Materials*, 2006, 5, 3, 229.

[139] R. Verberg, A. T. Dale, P. Kumar, A. Alexeev and A. C. Balazs, *Journal of the Royal Society – Interface*, 2007, 4, 13, 349.

[140] C. S. Coughlin, A. A. Martinelli and R. F. Boswell, *Polymeric Materials Science and Engineering*, 2004, 91, 472.

[141] S. J. Kalista, Jr., and T. C. Ward, *Journal of the Royal Society – Interface*, 2007, 4, 13, 405.

[142] D. V. Andreeva, D. Fix, H. M. Mohwald and D. G. Shchukin, *Advanced Materials*, 2008, 20, 14, 2789.

[143] J. W. C. Pang and I. P. Bond, *Composites Part A: Applied Science and Manufacturing*, 2005, 36, 2, 183.

[144] S. H. Cho, H. M. Andersson, S. R. White, N. R. Sottos and P. V. Braun, *Advanced Materials*, 2006, 18, 8, 997.

[145] G. H. Koch, M. P. H. Brongers, N. G. Thompson, Y. P. Virmani and J. H. Payer, *Corrosion*

Costs and Preventive Strategies in the United States, Publication No. FHWA – RD – 01 – 156, US Department of Transportation, Federal Highway Administration, Washington, DC, 2001.

[146] S. H. Cho, S. R. White and P. V. Braun, *Advanced Materials*, 2009, 21, 6, 645.

[147] K. Aramaki, Corrosion Science, 2002, 44, 7, 1621.

[148] K. Aramaki, *Corrosion Science*, 2003, 45, 1, 199.

[149] K. Aramaki and T. Shimura, *Corrosion Science*, 2010, 52, 4, 1464.

[150] K. Aramaki and T. Shimura, *Corrosion Science*, 2010, 52, 1, 1.

[151] A. Kumar, L. D. Stephenson and J. N. Murray, *Progress in Organic Coatings*, 2006, 55, 3, 244.

[152] J. N. Murray, L. D. Stephenson and A. Kumar, *Progress in Organic Coatings*, 2003, 47, 2, 136.

[153] L. J. Ballin, *Formulation of a Product Containing the Multifunctional Corrosion Inhibitor System DNBM*, Report No. NADC – 90049 – 60, Air Vehicle and Crew Systems Technology Department, Naval Air Development Center, Warminster, PA, 1989.

[154] V. S. Agarwala and D. W. Beckert, *Electrochemical Impedance Spectroscopy of Trivalent Chromium Pre – treated Aluminum Alloys*, Report No. NAWCADWAR – 94014 – 60, Naval Air Development Center, Warminster PA, 1993.

[155] F. Pearlstein and V. S. Agarwala, *Proceedings of the AESF Conference on the Search for Environmentally Safer Deposition Processes for Electronics*, Orlando, FL, 1993, p. 112.

[156] N. K. Mehta and M. N. Bogere, *Progress in Organic Coatings*, 2009, 64, 4, 419.

[157] ASTM D5894, *Practice for Cyclic Salt Fog/UV Exposure of Painted Metal (Alternating Exposures in a Fog/Dry Cabinet and a UV/Condensation Cabinet)*, 2011.

第5章

自修复评估技术

多种方法用于评估修复效率。用两套装置产生3种断裂模式中的一种（即模式Ⅰ、模式Ⅱ或模式Ⅲ，见图5.1）。第一套装置包括来自原始主体材料的样品；第二套装置包括含有自修复剂和催化剂的样品。修复过程完成后，进行标准测试，以比较这两套装置。第二个测试可以并行运行，也可以单独运行，以验证第一个测试得到的结果。

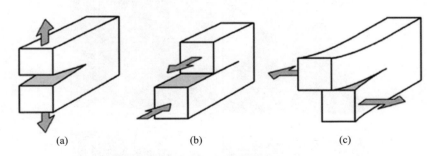

图5.1　3种基本断裂模式

(a)模式Ⅰ:测试(开槽或反向开槽)状态的拉伸(或压缩)应力；(b)模式Ⅱ:平面剪切(垂直于裂纹前缘方向的剪切)；(c)模式Ⅲ:反平面剪切(平行于裂纹前缘方向的剪切)。

用于测量自修复效率的一些常见测试如下。

(1)使用材料测试系统(MTS)的仪器，将样品拉伸至断裂。MTS提供的拉伸或位移的测量值，作为拉力的函数。样品采用锥形双悬臂梁(TDCB)形式，慢慢地被拉长直至失效(损坏)。此测试需要几分钟才能完成。它会导致必要的损伤，可以评估自修复过程的效率[1-3]。

(2)三点和四点弯曲试验中，样品被施压至失效。使用其他类型的MTS仪器测量压力和相应位移。测试需要几分钟完成。它用于在由碳纤维增强聚合物(CFRP)层压板制成的样品的内诱发损伤，该层压板设计有埋植入的微胶囊或含有修复剂的中空纤维[4]。三点或四点弯曲试验后可进行冲击后压缩

(CAI)试验[4]。CAI测试用于鉴定航空航天应用的部件。四点弯曲试验可与声发射传感器结合使用,以测量修复效率。该传感器还可以检测带有微脉管型储罐系统的隐裂[5]。

(3)压痕试验。该测试类似于从一定高度落下的锥形物体的三点弯曲测试[6]。可以监测下落物体的重量和速度,以再现部分或完全破裂。

(4)用弹丸进行弹道试验。弹丸速度在300~900m/s之间[7-8]。

(5)超高速撞击试验。在本试验中,使用速度在1~20km/s之间的弹丸。这些弹丸会造成坑或洞,类似于被太空碎片形成的坑或洞。该试验适用于埋植入自修复剂和光纤传感器的CFRP层压板试验[9]。

(6)热冲击等加速老化引起的损伤,如暴露于极端温度梯度时产生的热冲击,如暴露于液氮(196℃)和室温之间[3]。本试验会产生随机形状的裂纹,与因老化而自然形成的裂纹相似(图5.2)。

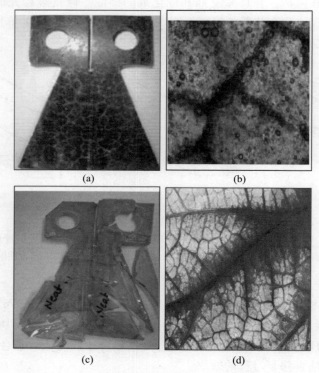

图5.2 样品自修复前后的状态

(a)20个热冲击循环后的、含修复剂的TDCB样品;(b)修复裂纹的细节;
(c)第一次热冲击后未使用修复剂的样品断裂;(d)叶片图片[6],
显示TDCB裂纹和叶片的不规则碎片之间的相似性。

5.1　三点和四点弯曲试验方法

当材料主体由碳纤维增强聚合物(CFRP)层压板制成时,采用这种方法[9-11]试验。制备的样品为小的矩形,其尺寸符合美国材料与试验协会(ASTM)相应的测试方法。例如,Aïssa 等[9]根据 AST MD790[12]制备了具有 4 层 CFRP 的样品,跨距为 80mm,宽度为 12mm,厚度为 5mm。在一些样品中嵌入了光纤布拉格光栅(FBG)传感器,用于测量应变或作用力。通过 MTS 仪器,得到了位移曲线与作用力的函数关系。用光纤传感器测得的应变与作用力成正比。此外,光纤传感器可长时间(如从几个月到 1 年)监测残余应变的微小变化。在无损评估中,传感器还可记录随时间的变化、材料发生的变化及修复过程。图 5.3 展示了 MTS 仪器,含有 4 层 CFRP 编织而成的条带,其中埋植入了自修复材料和纤维传感器(制造过程的详细信息将在第 7 章中进行描述)。

图 5.3　用于含自修复剂的 CFRP 样品三点弯曲试验的 MTS 仪器
(两个极限边之间的距离为 2cm,冲击质量在 4 层编织的层合板的样品中间。本图转自 ASTM D790 标准[12])。

图 5.4 显示了三点弯曲试验期间不同区域的情况。区域Ⅰ是弹性条件,位移随施加的力线性变化。区域Ⅱ为非弹性条件,它通常由与施加的力相关的非线性位移描述。区域Ⅲ是断裂后的状态。

用以下方程式评估力学性能(根据 ASTM D790[12]推导得出)。

弯曲应力为

$$\sigma_f = 3P_{max}L/(2bd^2) \qquad (5.1)$$

式中:σ_f 为中点处外部纤维的应力,(MPa);P_{max} 为弹性状态下的最大载荷(力)(N);L 为支撑跨度(mm);b 为被测梁的宽度(mm);d 为被测梁的深度(mm)。

弹性模量为

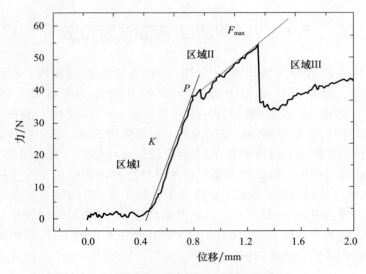

图 5.4 通过三点弯曲试验获得的测量值

（区域Ⅰ对应于弹性区域；区域Ⅱ是非弹性区域；区域Ⅲ中出现分层和裂纹。K 是区域Ⅰ的斜率。P 是区域Ⅰ和Ⅱ之间界面之间达到的力，F_{max} 是开始失效状态之前达到的最大力）

$$E_B = mL^3/(4bd^3) \tag{5.2}$$

式中：E_B 为弯曲弹性模量（MPa）；L 为支撑跨度（mm）；m 为与载荷－挠度曲线初始部分切线的斜率（挠度单位为 N/mm）。

剪切强度为

$$T = 0.75 \times (F_{max}/b) \times h \tag{5.3}$$

P 点强度为

$$T = 0.75 \times (P_{max}/b) \times h \tag{5.4}$$

剪切模量为

$$E = (K/b) \times h \tag{5.5}$$

式中：h 为梁的厚度（mm）；K 为区域Ⅰ弹性状态的斜率（N/mm）。

5.2　锥形双悬臂梁试验

Patel 等使用 TDCB 进行自修复试验[7]。20 世纪 60 年代，Mostovoy 等[13]设计了样品的形状和尺寸（图 5.5），后来被 Beres 等[10]采用。用于测试 TDCB 的 MTS 仪器能够获得作为施加的力的函数的位移曲线，类似于三点和四点弯曲试验（图 5.6）。为了测量修复效果，沿轴切割，并将样品保留一定时间，以确保修复过程完成。然后比较了原始样品和含有修复剂的样品性能。使用

Mostovoy 等[13]提出的 TDCB 形状和尺寸,目的是快速获得与切割长度无关的结果。

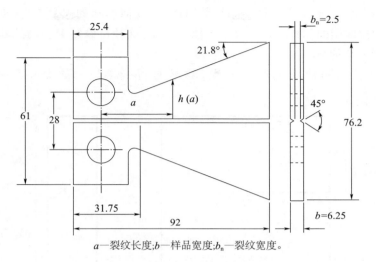

a—裂纹长度;b—样品宽度;b_n—裂纹宽度。

图 5.5　TDCB 几何尺寸(单位为 mm)

图 5.6　TDCB 样品拉伸用的 MTS-10 仪器

修复效率(η)可通过测量断裂韧性来测定,断裂韧性与裂纹长度无关,即

$$K_{IC} = \alpha P_C \tag{5.6}$$

式中:K_{IC}为断裂韧性;P_C为临界断裂载荷;α 为试验确定的几何项。

修复效率定义为

$$\eta = K_{IC-修复后}/K_{IC-修复前} \tag{5.7}$$

对于 TDCB 样品几何结构,修复率表示为

$$\eta = K_{\text{IC-修复后}}/K_{\text{IC-修复前}} = P_{\text{C-修复后}}/P_{\text{C-修复前}} \tag{5.8}$$

根据断裂测试期间的最大载荷计算修复率。

Brown 等[11]研究了锥形双悬臂梁(TDCB)几何形状的修复率(参见图 5.6 中 TDCB 拉伸用的 MTS-10 仪器)。他们发现,这种自修复聚合物的断裂韧性可恢复到原来的 90%。

使用了不同形状的较小样品,这些样品符合 ASTM D5045-99[8,14](图 5.7)。

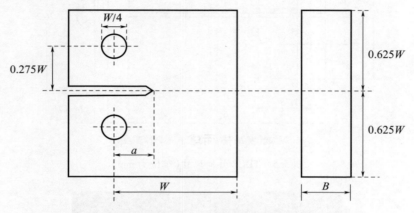

图 5.7 符合 ASTM D5045-99 的紧凑拉伸结构[14](单位为英寸)

文献[15]中采用了许多其他的替代形状,如图 5.8 和图 5.9 中展示了另外两种形状。

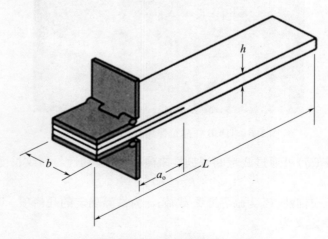

图 5.8 双悬臂梁试样(经许可转自文献[15])

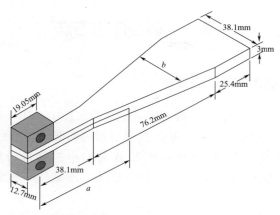

图 5.9 断裂试验中使用的宽 TDCB 试样的几何形状（经许可转自文献[15]）

5.3 冲击后的压缩试验

为了更严格地评估修复效果，用冲击后压缩（CAI）方法测量损伤后碳纤维增强聚合物的残余抗压强度。CAI 可严格评估低速碰撞后的材料性能。这类材料的抗压强度对内部损伤极为敏感，并提供了对自修复效率的关键评估。CAI 结合 ASTM D7137/D7137M - 05[14]标准，用于测试修复效率[4]。

5.4 四点弯曲试验和声发射试验联测

声发射可用于无损检测。该方法用于确认由其他方法测定的修复效率数据。Toohey 等[5]使用了声发射传感器（图 5.10）验证试验。其测试显示，声发射传感器对修复良好试样以及修复不良试样具有不同的响应。

图 5.10 将声发射传感器固定于试样的四点弯曲试验（经许可转自文献[5]）

5.5 动态冲击方法

5.5.1 落锤冲击压痕试验

装置类似三点弯曲试验。在标准三点弯曲试验中,MTS仪器将施加越来越大的力,并测量样品中的挠度。MTS仪器引起的局部破裂不易再现。对于落锤冲击,可以通过撞击重量、落锤高度和砧头大小控制部分断裂(图5.10和图5.11)。冲击能量(E)和速度(v)由高度(h)、质量(m)和重力加速度(g)推导得出。

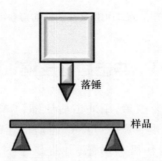

图5.11 使用落锤(落塔)冲击进行三点弯曲试验的示意图

Yin等[16]、Patel等[17]和Yuan等[18]研究了复合材料在低速冲击下基于微胶囊的自修复(图5.12)。Yin等[16]研究了用于玻璃/环氧树脂复合材料自修复的环氧树脂微胶囊系统,修复剂用于修复低速冲击下的基体裂纹。然而,系统需要高温和高压才能达到良好的修复效果。Yuan等[18]研究了玻璃/环氧树脂系统自修复用的环氧树脂和硫醇微胶囊,发现其在室温下便可自动工作。

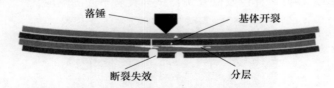

图5.12 复合材料层压板在低速冲击下的主要损伤机制示意图

5.5.2 高速弹道弹丸冲压试验

Patel等[7]提出了子弹引起损伤的自修复。速度为几百米/秒(通常在

200~900m/s之间)的弹道弹丸作为步枪子弹的代表。当子弹打穿一个孔洞时,带孔的材料受损。这种情况下,表面张力和重力阻止了填充该孔(即其修复)的可能性。Asgar等[8]提出了一种复合材料在以大约600m/s的速度发射小弹丸后自修复的初步方法。

Patel等[17]研究了玻璃/环氧树脂复合材料的低速冲击性能,其中脲醛微胶囊含有双环戊二烯,而石蜡微球中含有Grubbs催化剂。研究表明,复合材料面板的残余抗压强度显著恢复。Patel等[7]还研究了具有复合装甲的相同的自修复系统。他们已经证明,低速冲击的强度显著恢复,并发现弹道弹丸冲击复合材料(高达475m/s)的损伤模式与低速冲击的损伤模式非常相似。

5.5.3 超高速撞击试验

超高速撞击(大于1km/s和高达25km/s)相当于碎片和微陨石对卫星的撞击,特别是在低地球轨道上的撞击[9]。这类撞击的影响与高速撞击不同。关于空间碎片撞击的自修复更详细的数据见第7章。

5.6 用于自修复检测的光纤布拉格光栅传感器

基于光纤布拉格光栅(FBG)的传感器自发现之初就引起了相当大的关注。FBG传感器在许多方面都超过了其他传统的电传感器,如它具有抗电磁干扰、体积小、重量轻、柔韧性好、稳定性高、耐高温、耐恶劣环境等特点。FBG传感器还有其他优点,如在多个数量级上具有线性响应。此外,FBG传感器系统可以在非常早期的生产阶段使用,直到服役至设备的寿命结束。因此,可以在其整个生命周期中记录描述结构的参数,从而更好地分析疲劳和微裂纹的演变。

在特定的自我修复过程,光纤传感器提供两个级别的信息:①动态级别水平,检测超高速级别的影响,商用系统高达2MHz[9];②静态级别水平,比较撞击前后的残余应力-应变水平。

光纤是圆柱形二氧化硅波导。由同心包层包围的纤芯组成,这些纤芯不同的折射率保证了光的传播[图5.13(a)]。FBG[图5.13(b)]是通过将光纤暴露在强紫外线的干涉图案下,沿光纤截面产生纤芯折射率的周期性变化而形成[19]。如果宽带光穿过含有这种周期性结构的光纤,其衍射特性会导致预先选择的波长带被反射回来(图5.14)。该波段的中心波长 λ_B 可用以下著名的布拉格条件式表示,即

$$\lambda_B = 2n_0 \cdot \Lambda_B \tag{5.9}$$

式中:Λ_B 为光栅周期之间的间距;n_0 为纤芯的有效折射率。

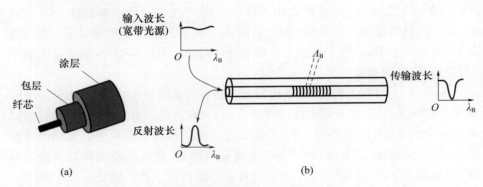

图 5.13　光纤示意图及 FBG 中的光现象
(a)光纤示意图；(b)FBG 传感器中的光现象。

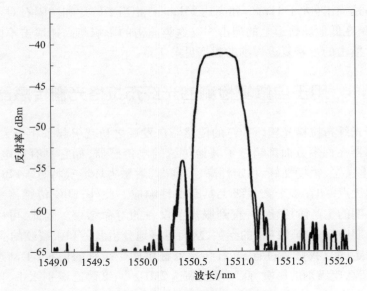

图 5.14　FBG 的典型光学功率谱
dBm 为分贝毫瓦，$1dBm = 10lg(1000W)$

光栅是简单的、基础的传感元件，可以其敏感的物理扰动进行绝对测量。其基本工作原理是监测与布拉格共振条件相关的波长偏移。波长偏移与光源强度无关。在恒定温度 $\Delta\varepsilon$ 下，由下式得出相应的波长偏移，即

$$\Delta\lambda_B = \lambda_B \left(\frac{1}{\Lambda_B} \frac{\partial \Lambda_B}{\partial \varepsilon} + \frac{1}{n_0} \frac{\partial n_0}{\partial \varepsilon} \right) \Delta\varepsilon = \lambda_B (1 - P_e) \Delta\varepsilon \tag{5.10}$$

式中：P_e 为光纤的有效光弹系数。

例如，对于石英光纤，FBG 波长-应变灵敏度在 1550nm 处为 $1.15\text{pm} \cdot \mu\varepsilon^{-1}$

(皮米乘微应变)[20]。

图 5.14 显示了用光谱分析仪观察到的 FBG 光谱。

当对光纤施加轴向应力时,反射光谱的波长会发生偏移。这种偏移对轴向拉伸波长更高,而对轴向压缩波长更低。可以通过式(5.11)的峰值波长的偏移,来计算 FBG 在特定位置施加到光纤的轴向应变,即

$$\varepsilon = \frac{\Delta \lambda}{\lambda_B}(1 - p_e) \tag{5.11}$$

式中:$\Delta\lambda$ 为峰值波长偏移;λ_B 为布拉格波长;p_e 为光纤基谐模的有效应变－光学系数;ε 为轴向应变[21]。

对光纤施加不均匀的单轴向应变或横向应力分量时,FBG 的反射光谱不再是单峰。反射光谱可能加宽。它采用多峰形式或更复杂的光谱形式。通常用这种光谱失真检测应力的存在。对于非静力载荷,横向载荷会在光纤中产生双折射,形成光纤中的两个传播轴。通过光纤传播的光波被分成两种模式,每种模式通过 FBG 时都会形成略微不同的布拉格波长。重新组合时,反射光谱显示出两个不同的峰,如图 5.15 所示。这些峰之间的波长间隔与横向应力分量的大小成正比[22]。此外,沿 FBG 的不均匀轴向应变会进一步扭曲响应谱。

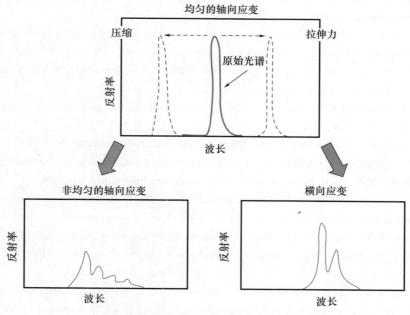

图 5.15 不同应变状态下 FBG 传感器反射光谱示意图

从布拉格光栅反射回来的光的中心波长取决于光栅平面之间的周期性间

距。它还受到温度和应变变化的影响。由于温度和应变变化引起的布拉格光栅波长偏移由下式[23]得到,即

$$\Delta\lambda_B = 2\left(\frac{\Lambda\partial n}{\partial T} + \frac{n\partial\Lambda}{\partial n}\right)\Delta T + 2\left(\frac{\Lambda\partial n}{\partial T} + \frac{n\partial\Lambda}{\partial l}\right)\Delta l \tag{5.12}$$

式中:$\Delta\lambda_B$ 为布拉格波长偏移;Λ 为光栅周期;n 为纤芯的折射率;ΔT 为随温度变化的微小的波长偏移;Δl 为光栅长度的偏移。

第一项表示光纤上的温度效应。热膨胀引起的光栅间距和折射率的变化会导致布拉格波长的偏移。温度变化 ΔT 的波长偏移可以表示成[24]

$$\Delta\lambda_{B,T} = \lambda_B(\alpha + \xi)\Delta T \tag{5.13}$$

式中:α 为 $(1/\Lambda)(\partial\Lambda/\partial T)$,是光纤的热膨胀系数(二氧化硅约为 $0.55\times10^{-6}℃^{-1}$);$\xi = (1/n)(\partial n/\partial T)$,为热光系数,掺锗硅芯光纤的是 $8.6\times10^{-6}℃^{-1}$。很明显,到目前为止,指数变化是最主要的影响。从式(5.12)可知,FBG 在 1550nm 处的预期温度灵敏度为 0.0142nm/℃。

参考文献

[1] A. Yavari, K. G. Hockett and S. Sarkani, *International Journal of Fracture*, 2000, 101, 4, 365.

[2] M. R. Kessler, N. R. Sottos and S. R. White, *Composites Part A: Applied Science and Manufacturing*, 2003, 34, 8, 743.

[3] G. Thatte, S. V. Hoa, P. Merle and E. Haddad, 'Self-healing epoxy for space applications', in *Proceedings of the First International Conference on Self-Healing Materials*, Eds., A. J. M. Schmets and S. van der Zwaag, CD-ROM, 18-20 April 2007, Noordwijkaan Zee, The Netherland, Springer, 2007, Paper No. 12.

[4] G. J. Williams, I. P. Bond and R. S. Trask, *Composites Part A: Applied Science and Manu-facturing*, 2009, 40, 9, 1399.

[5] K. S. Toohey, N. R. Sottos and S. R. White, *Experimental Mechanics*, 2009, 49, 5, 707.

[6] C. Semprimoschnig, *Enabling Self-healing Capabilities: A Small Step to Bio-mimetic Materials*, Report No. 4476, European Space Agency, Noordwijk, the Netherlands, 2006.

[7] A. J. Patel, S. R. White, D. M. Baechle and E. D. Wetzel, *Self-healing Composite Armor: Self-healing Composites for Mitigation of Impact Damage in US Army Applications*, Final Report, Contract No. W911NF06-2-0003, US Army Research Laboratory, Adelphi, MD, 2006.

[8] M. Asgar-Khan, S. Hoa, B. Aïssa, E. Haddad and A. Higgins, *Proceedings of the Third International Conference on Self-healing*, University of Bristol, Bath, UK, 2011.

[9] B. Aïssa, K. Tagziria, E. Haddad, et al., 'The self-healing capability of carbon fibre composite structures subjected to hypervelocity impacts simulating orbital space debris', *ISRN Nanomaterials*, 2012, 2012, Article ID 351205, 16 pages.

[10] W. Beres, A. K. Koul and R. Thamburaj, *Journal of Testing and Evaluation*, 1997, 25, 6, 536.

[11] E. N. Brown, N. R. Sottos and S. R. White, *Experimental Mechanics*, 2002, 42, 4, 372.

[12] ASTM D790, *Standard Test Methods for Flexural Properties of Unreinforced and Reinforced Plastics and Electrical Insulating Materials*, 2010.

[13] S. Mostovoy, P. Crosley and E. Ripling, *Journal of Materials*, 1967, 2, 661.

[14] ASTM D7137/D7137M – 05, Standard Test Method for Compressive ResidualStrength Properties of Damaged Polymer Matrix Composite Plates, 2012.

[15] M. R. Kessler and S. R. White, *Composites Part A: Applied Science and Manufacturing*, 2001, 32, 5, 683.

[16] T. Yin, M. Z. Rong, J. S. Wu, H. B. Chen and M. Q. Zhang, *Composites Part A: Applied Science and Manufacturing*, 2008, 39, 9, 1479.

[17] A. J. Patel, N. R. Sottos, E. D. Wetzel and S. R. White, *Composites Part A: Applied Science and Manufacturing*, 2010, 41, 3, 360.

[18] Y. C. Yuan, Y. Ye, M. Z. Rong, et al., *Smart Materials and Structures*, 2011, 20, 1, 015024.

[19] R. de Oliveira, C. A. Ramos and A. T. Marques, *Computers and Structures*, 2008, 86, 3 – 5, 340.

[20] W. W. Morey, G. Meltz and W. H. Glenn, *Fiber Optic and Laser Sensors* Ⅶ, Eds., R. P. DePaula and E. Udd, SPIE Conference Volume 1169, Bellingham, WA, 1989.

[21] E. Kirkby, R. de Oliveira, V. Michaud and J. A. Må nson, *Composite Structures*, 2011, 94, 1, 8.

[22] A. Panopoulou, T. Loutas, D. Roulias, S. Fransen and V. Kostopoulos, *Acta Astronautica*, 2011, 69, 7 – 8, 445.

[23] A. Othonos and K. Kalli, Fiber Bragg Gratings: *Fundamentals and Applications in Telecommunications and Sensing*, Artech House Publishers, Norwood, MA, 1999.

[24] G. Meltz and W. W. Morey, *International Workshop on Photoinduced Self – organization Effects in Optical Fiber*, Ed., F. Ouellette, SPIE Conference Volume 1516, Bellingham, WA, 1991.

第6章

先进制造工艺回顾

本章回顾了迄今为止在自修复复合材料方面取得的主要试验结果。首先通过激光烧蚀工艺对钌-Grubbs催化剂(RGC)进行纳米结构化,然后将5-亚乙基-2-降冰片烯(ENB)液体单体封装于小胶囊,并通过微流体渗透制备三维微通道纳米复合材料管束。从获得具有改善力学性能的自修复复合材料的角度,同时,从获得具有高力学性能的快速开环复分解聚合(ROMP)反应的角度,特别关注单壁碳纳米管(SWCNT)材料的使用,作为ENB修复剂的增强剂。

6.1 钌-Grubbs催化剂

本节综述了由ENB单体与RGC反应而成的自修复复合材料的制备。首先,研究了随温度的变化而变化的ENB与RGC进行开环复分解聚合(ROMP)反应的动力学。结果表明,聚合反应在较大的温度范围($-15 \sim 45$℃)内都很有效,发生时间短(在40℃时不到1min)。其次,发现由于其纳米结构效应,采用紫外线(UV)-准分子激光烧蚀工艺,ROMP反应所需的RGC量显著减少。直接在硅衬底上得到了几纳米大小的RGC纳米结构。X射线光电子能谱(XPS)数据明显表明,RGC在纳米结构化后仍保持其原始化学计量比。更重要的是,相关的ROMP反应在极低的RGC浓度[$(11.16 \pm 1.28) \times 10^{-4}$%(体积分数)]下成功实现,反应时间非常短[1]。这种方法为使用纳米复合材料作为自修复功能的修复剂开辟了新的前景,从而获得更高单位质量的催化效率。

6.1.1 脉冲激光沉积技术

脉冲激光沉积(PLD)是一种多用途的技术。在这种方法中,能量源位于腔室外部,因此可以使用超高真空(UHV)以及不同的气氛环境。通过靶材物质对衬底的化学计量转移,可以沉积各种材料,如高温超导体、氧化物、氮化物、碳化物、半导体或金属,甚至聚合物或富勒烯也可以高沉积速率生长[2]。利用 PLD 的工艺特性,可制备复杂的聚合物-金属化合物和多层薄膜。在超高真空环境,高能粒子沉积产生的注入和混合效应形成亚稳相,如纳米晶高度过饱和固溶体和非晶态合金。在惰性气体气氛中制备可以通过改变沉积粒子的动能,控制薄膜特性(应力、织构、反射率、磁性等)。所有这些使 PLD 成为一种有吸引力的沉积技术,用于生长高质量的薄膜和纳米结构。

使用 PLD 法,通过烧蚀一个或多个由聚焦脉冲激光束照射的目标来制备薄膜。1965 年,Smith 和 Turner[3] 首次用该技术制备半导体和电解质薄膜。1987 年,Dijkkamp 等[4] 对其进行了全面开发,用于高温超导体的沉积。他们的工作能够定义 PLD 的主要特征,即靶材和沉积膜之间的化学计量转移、每个脉冲约 0.1nm 的高沉积速率以及衬底表面上出现的液滴[2-5]。自 Dijkkamp 等的工作以来,沉积技术已广泛用于各种氧化物、氮化物和碳化物以及制备金属系统,甚至聚合物或富勒烯。在 PLD 工艺过程中,可以改进许多试验参数,对沉积膜的性能产生很大的影响。首先可以调整激光参数,如激光能量密度、波长、脉冲持续时间和重复频率;其次,可以调整激光沉积条件,包括靶材到衬底的距离、衬底温度、背景气体和压力,以控制薄膜的生长。

PLD 的典型装置如图 6.1 所示。在超高真空室内,聚焦的脉冲激光束以 45°的角度冲击元素或合金靶,靶材烧蚀的原子和离子沉积于衬底。在大多数情况下,靶材表面与目标表面平行,距离为 2~10cm。

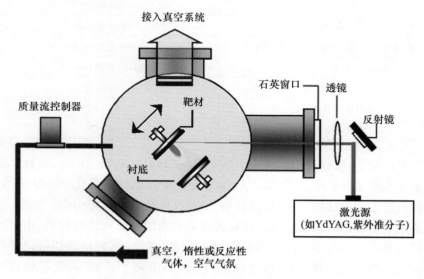

图 6.1 用于掺钕钇铝石榴石(NdYAG)的典型的激光沉积装置示意图

表 6.1 展示了自 1987 年引入 PLD 以来沉积的材料列表。为了获得所有这些不同种类的材料,必须在超高真空或反应性气体气氛中工作。在氧化物的生长过程中,通常需要使用氧气,增加不断生长的薄膜中的氧气量。例如,在"一步法"工艺中,为了在高的衬底温度下形成钙钛矿结构,大约 30Pa 的氧气压力是必需的[4]。此外,对于许多其他氧化物或氮化物薄膜,必须在反应性环境中工作,这使得难以使用其他类型的沉积技术,如使用电子枪进行热蒸发。在进行溅射时,氩气通常用作背景气体,只有在靠近衬底表面的地方增加特殊的烘箱设施,才能增加更多的氧气或氮气供应。

表 6.1 1987 年后激光沉积(PLD)装置首次沉积以来的材料列表

材料	参考
高温 $YBa_2Cu_3O_7$	Dijkkamp 等[4]
超导体:BiSrCaCuO	Guarnieri 等[6]
TlBaCaCuO	Foster 等[7]
MgB_2	Shinde 等[8]
氧化物,如 SiO_2	Fogarassy 等[9]
碳化物,如 SiC	Balooch 等[10]
氮化物,如 TiN	Biunno 等[11]
铁电材料	Kidoh 等[12]
类金刚石碳(C)	Martin 等[13]
富勒烯(C_{60})	Smalley 和 Curl[14]
聚合物:聚乙烯,聚甲基丙烯酸甲酯	Hansen 和 Robitaille[15]
金属系统:30 种合金/多层膜	Krebs 和 Bremert[16]
FeNdB	Geurtsen 等[17]
多铁性 Bi_2FeCrO_6	Nechache 等[18]
纳米结构 RGC	Aïssa 等[1]

许多情况下,可以利用这样一个事实,即在 PLD 工艺过程中,沉积材料的化学计量比非常接近靶材。因此,可从单一合金块体靶材制备化学计量比薄膜。靶材和衬底之间的这种"化学计量转移",使 PLD 技术更具吸引力。例如,它可以制备复杂系统,如高温超导体、具有钙钛矿结构的压电和铁电材料,也可以制造传感器和电容器等设备。使用单靶材蒸发或(磁控)溅射很难获得靶材和衬底之间的化学计量转移,因为组件的部分蒸气压和溅射产额不同,这导致衬底上生长的薄膜浓度不同。而对于 PLD,靶材和衬底之间能够获得化学计量转移。化学计量转移可通过以下方式实现:首先,目标表面的快速加热是通过强

烈的激光束冲击实现的。通常,会在几纳秒[3,19]内产生高达4727℃的温度甚至更高。这相当于大约739℃/s的加热速率。这种高加热速率确保所有目标组分,无论其结合能如何,都能同时蒸发。当激光能量密度远高于烧蚀阈值时,烧蚀率足够高,形成Knudsen层[20]和高温等离子体[21],然后在垂直于目标表面的方向绝热膨胀。因此,PLD工艺过程可以有效地实现靶材和衬底之间的材料转移。

6.1.2　钌-Grubbs催化剂脉冲激光沉积靶材的试验制备

对于自修复应用,选择的催化剂是第一代钌-Grubbs催化剂(RGC):双(三环己基膦)苄叉二氯化钌(Ⅳ)。Grubbs催化剂以促进烯烃复分解而闻名,在表现出高活性的同时,还能耐受多种官能团[22]。RGC在修复剂中的溶解性能,是高效快速ROMP反应的关键参数。早期的研究[23]表明,均匀分布在聚合物基体中更小、更细的RGC颗粒,会产生更好的颗粒溶解动力学。将市售RGC颗粒加入聚合物基体通常是一项精细操作,因为这些颗粒易于团聚。此外,RGC材料成本高,限制了其大规模商业应用。通过改变材料的纳米结构减少所需RGC的尺寸和数量,可以提高RGC的单位质量的活性,从而提高性能,同时降低成本。

本节描述了一种基于等离子体激光烧蚀用于纳米结构RGC的试验方法。这种方法可将纳米催化剂有效整合于复合结构,用于自修复。具体而言,制备了由ENB单体组成的自修复复合材料,然后与RGC反应。所有化学试剂[第一代Grubbs催化剂、ENB和双环戊二烯(DCPD)单体等]均购自Sigma-Aldrich公司。RGC纳米结构的试验方法基于激光等离子体方法(PLD)。通过高压烧结,由商业RGC粉末制备了固体RGC靶材(直径约2.5cm)。然后,通过UV-KrF准分子激光器($\lambda=248nm$, $t\approx15ns$,重复频率5~10Hz,入射角45°)烧蚀固体RGC靶材,生成RGC纳米颗粒(NP)。RGC纳米颗粒沉积是通过在室温(RT)、1.33Pa惰性氩气下,以$0.1J/cm^2$在靶激光能量密度在非焦沉积区烧蚀固体RGC靶材实现的。硅衬底[500 μm厚的Si(100)]位于距离靶材50mm处,其具有双重旋转和平移运动,以确保整个靶材表面上的均匀烧蚀图案。选择这些条件可产生密度不同、几纳米大小的RGC纳米颗粒,具体数值根据激光脉冲的数量发生变化。以1000个激光脉冲的沉积速率合成纳米颗粒。在室温下使用接触式原子力显微镜(AFM)(NanoScope Ⅲ型,美国数字设备公司),在环境空气中表征了RGC纳米颗粒样品。

6.1.3　试验结果

钌为了研究ROMP反应动力学,将未经处理的RGC粉末[约1%(质量分数)]缓慢添加到正在搅拌的 ENB 溶液(Barnstead 热板型搅拌器,型号 SP131825,Barnstead International 公司)中,然后将得到的复合样品置于试验箱 (Tenney Junior Environment Chamber™,准确度为 ±3℃),空气气氛。然后在不同的温度下进行 ROMP 反应。为了比较,ENB(与 RGC 纳米颗粒反应)和 DCPD 单体(与 RGC 粉末反应)的 ROMP 反应也在相同条件下进行。

使用 40×物镜(BX61,奥林巴斯)和图像分析软件(Image-Pro Plus,Media Cybernetics 公司)在透射光光学显微镜下进行显微光学表征。用 Jeol JSM-6300F 显微镜得到扫描电子显微镜(SEM)显微照片。通过 XPS 研究样品的元素化学键合,在室温和 10^{-7} Pa 的基础压力下,使用 VG ESCALAB 220i-XL 系统(VG Thermo),用单色 AlKa 辐射作为激发源(1486.6eV,20eV 通过能时 Ag3d5/2 线的半峰全宽为 1eV)。报告的结合能是相对于 284.5eV 的 C1s 线进行校准的。用 $\theta \sim 2\theta$ X 射线衍射仪[生产单位为 Scintag 公司(现为 Thermo Optek 公司),位于美国库比蒂诺市],在 40kV 和 30mA 下产生 CuKa 辐射,评估 RGC 纳米颗粒的晶体取向。

图 6.2 所示为得到的 Grubbs 催化剂的典型光学和 SEM 显微照片,结果显示,制备样品为长约 120 μm、宽约 30 μm 的棒状结构。

图 6.2　直接购买未经处理的 Grubbs 催化剂的代表性图片
(图片显示棒长约 120 μm,宽约 30 μm。本图经许可转自文献[1])
(a)光学图片;(b)SEM 显微照片。

图 6.3(a)显示了硅衬底上 PLD 沉积 RGC 纳米颗粒的典型原子力显微(AFM)图像。AFM 图像显示,RGC 纳米颗粒均匀分布于硅表面,表面密度约为 $1.6 \times 10^9 cm^{-2}$(通过计算每单位面积的沉积粒子数估算)。这些 RGC 纳米颗粒的平均粒径由 AFM 图像中的厚度测定,其相应的分布直方图(与高斯分布拟合)如图 6.3(b)所示。RGC 纳米颗粒的平均尺寸为 (20 ± 8) nm,与原 RGC 尺寸相比,通过激光烧蚀实现了 3 个数量级以上的尺寸减小。

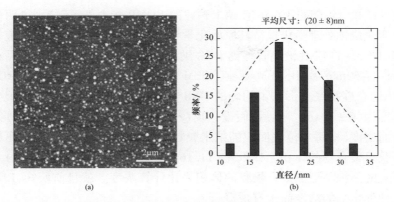

图 6.3 硅衬底上 PLD 沉积 RGC 纳米颗粒的典型原子力显微
图像及纳米颗粒分布直方图(经许可转自文献[1])

(a)RGC 在激光纳米结构化到硅衬底上后的典型 AFM 图像(显示纳米颗粒
分布良好,平均直径为(20±8)nm);(b)具有高斯拟合的纳米颗粒分布直方图。

由于化学反应性(指 ROMP)取决于暴露于单体中的 RGC,因此减小 RGC 的尺寸将增加其比表面积,从而增加其表面积与体积比。反过来导致更高的溶解动力学和有效的 ROMP 反应。此外,RGC 纳米结构可以更均匀地分布于整个复合材料基体。

为了验证产生的 RGC 纳米颗粒的化学成分,通过 XPS 分析了沉积物。图 6.4 显示了所制备的固体 RGC 靶材和经 PLD 工艺制备的 RGC 纳米颗粒的典型 XPS 光谱。Grubbs 分子主要成分的主峰在 RGC 靶材和纳米颗粒中很好识别——即钌(分别位于 463eV 和 485eV 处的 $Ru3p_{3/2}$ 和 $Ru3p_{1/2}$)、磷(分别位于 132eV 和 190eV 处的 P2p 和 P2s)和氯(分别位于 200eV 和 276.5eV 处的 Cl2p 和 Cl2s)。

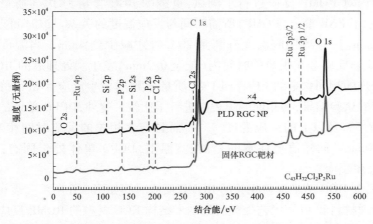

图 6.4 RGC 材料(未经处理的以及 PLD 后的纳米结构)的 XPS 图(经许可转自文献[1])

这些结果,除了证明了 RGC 纳米颗粒的 ROMP 能力外,还特别说明催化剂在经过激光烧蚀处理后仍保持其原始化学计量比。然后,使用微量移液管将受控体积(10μL)的 ENB 液滴转移到 RGC 纳米颗粒(硅衬底上)上。样品在室温室压下保存 60min 后,用 SEM 观察。SEM 图片(图 6.5)表明发生了 ROMP 反应,成功地在硅衬底上形成了均匀的 ENB/RGC 聚合物薄膜。形成的聚合物的典型厚度为 $(6 \pm 1)\mu m$。然后,假设该反应所需的 RGC 纳米颗粒为球形,并考虑其表面密度(即每单位表面积的纳米颗粒数量),估算的 RGC 纳米颗粒的体积与所获得聚合物的体积之比低至 $(11.16 \pm 1.28) \times 10^{-4}\%$(体积分数)。根据纳米颗粒的体积与形成聚合物膜的体积之比计算浓度。就目前所知,ROMP 转化中这种催化剂的浓度尚未有报道。

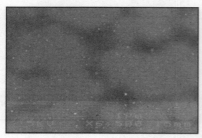 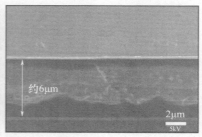

$(11.16 \pm 1.28) \times 10^{-4}\%$(体积分数)
(a)   (b)

图 6.5   ENB 与 RGC 纳米颗粒反应的典型 SEM 显微照片(经许可转自文献[1])
(a)硅衬底上形成的聚合物膜的俯视图;(b)平均厚度为 6μm 的 ENB 聚合膜的横截面的典型 SEM 图谱。

最后,为了定量地说明聚合反应的动力学随温度的变化,在 -15~45℃的温度范围内对 ROMP 反应进行了测试,负载的 RGC 含量为 1%(质量分数)。图 6.6 显示了 ENB 聚合(ROMP)所需时间与反应温度的关系。该时间在 -15℃时为 146min,只有当反应温度升高到 20℃时才减少到 4min。当温度升高到 40℃时,聚合反应会在很短的时间内(低至 0.2min)发生。处理后的 RGC 与收到未经处理的相同含量的 RGC[即 1%(质量分数)]发生反应,DCPD 修复剂的聚合时间的试验结果,在相同的图表中进行了比较。此外,DCPD 单体的聚合不仅限于 32.5℃ 及以上的反应温度[24-25],而且与之相关的反应时间相当长,为 400~3000min。同样值得注意的是,在室温下,DCPD 单体处于固态,不能与 RGC[24] 发生反应。

此外,与 RGC 纳米颗粒相关的 ROMP 反应时间如图 6.6 所示。表 6.2 展示了未经处理材料和 PLD 工艺处理后的纳米结构 RGC 材料的 ROMP 反应时间之间的比较结果的汇总。结果显示,该反应时间与低温反应相同(-15℃,约

137min),而0℃时减少到31min,20℃时仅为2min(这意味着,对于未经处理的RGC,需要的时间只有4min的一半)。最后,ROMP聚合是准瞬态的,温度为40℃,在0.07min的时间内即可完成。总之,室温(RT)时,发现两种RGC结构在很短的时间内(RT条件下不到4min)发生由Grubbs催化剂引发的ENB单体的ROMP反应。与替代物单体相比,ENB单体无疑提供了最佳聚合时间[26]。

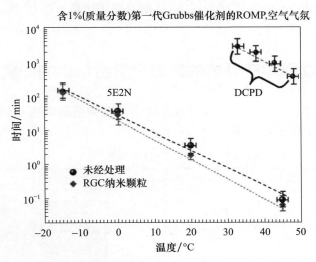

图6.6 ENB 的 ROMP 聚合反应的反应时间与反应温度的函数关系(包括含有"未经处理的RGC""经PLD工艺处理后的纳米结构"的RGC,以及同时含有DCPD修复剂的样品的反应特性比较(采用第一代Grubbs催化剂,1%(质量分数),空气气氛)。本图经许可转自文献[1])

表6.2 图6.6所示的ROMP反应时间汇总(经许可转自文献[1])

温度/℃	未处理RGC所需时间/min	RGC纳米颗粒所需时间/min
-15	146	137
0	40	31
20	4	2
45	0.1	0.07

这项工作正在进行中,以控制再现性可接受的RGC纳米颗粒的尺寸。事实上,了解纳米颗粒尺寸对ROMP转化的影响,将有助于更好地评估其在相关自修复系统中的作用,以及自修复过程的物理和化学机理。

总之,成功合成了一种纳米结构自修复复合材料,由ENB单体与通过PLD工艺制备的RGC的纳米结构反应。这种用于ROMP反应的、具有催化活性的RGC的用量显著减少,由于具有纳米结构,用量降到$(11.16 \pm 1.28) \times 10^{-4}$%(体积分数)。这种方法为使用含有自修复剂的纳米复合材料实现自我修复功能开辟了新的前景,可获得更高的单位质量催化效率。这项工作仍在继续,旨在控制 RGC 纳米颗粒质量的重复性。其次,是将这些 RGC 纳米结构应用于相关的自修复系统(尤其是微通道网络结构),研究 ROMP 的聚合动力学,即 RGC 纳米颗粒尺寸和 RGC 密度(即浓度)的函数关系。所有相关研究都必须通过适当的显微观察和光谱分析进行系统的证实,以阐明修复样品自修复过程的化学和物理机理。

6.2　埋植中空纤维的自修复复合材料的修复能力

本研究使用了二氧化硅中空纤维毛细管作为修复材料的存储罐。毛细管内径和外径汇总于表 6.3 中。

表 6.3　所用中空纤维(毛细管)汇总表

装置编号	内径/μm	外径/μm	光学图像
1	20	90	
2	40	105	
3	50	150	
4	75	150	

续表

装置编号	内径/μm	外径/μm	光学图像
5	100	164	

6.2.1 用修复剂填充毛细管的详细步骤

根据毛细管原理,毛细管中液柱的高度由下式得出,即

$$h = 2\gamma\cos\theta/(\rho g r) \tag{6.1}$$

式中:γ 为液体 – 空气的表面张力(J/m^2 或 N/m);θ 为接触角;ρ 为液体密度(kg/m^3);g 为重力加速度(m/s^2);r 为管道半径(m)。

以海平面上的充水玻璃管为例进行计算,以获得不同毛细管半径下的液柱高度。

在空气中,对于海平面上的充水玻璃管:20℃,γ 为 $0.0728J/m^2$,θ 为 20°,ρ 为 $1000kg/m^3$,g 为 $9.81m/s^2$。

水柱高度由 $h \approx (1.4 \times 10^{-5})/r$ 表示。

用式(6.1)计算了不同直径毛细管中的液柱高度,如表6.4所列。ENB 修复剂的最大高度应为相同数量级。

表6.4 不同管径的毛细管效应得到开口端管中填充的水柱最大高度

编号	毛细管内径/μm	h/mm
1	20	1400
2	40	700
3	50	560
4	75	373
5	100	280

6.2.2 中空纤维

使用光纤切割刀将毛细管切割至 6mm 长。为了准确密封毛细管端部,在光学显微镜下研究切开表面,发现其与光纤的轴平行[图6.7(b)]。而当使用剪刀剪切毛细管时,发现该特性大不相同[图6.7(a)]。

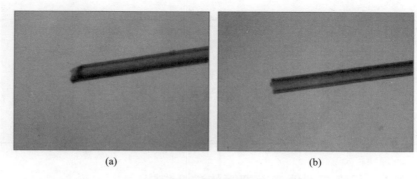

图 6.7 毛细管的切割表面
(a)用剪刀剪切;(b)用标准光纤切割刀切割。

6.2.3 使用 ENB 修复剂材料进行毛细管填充

用 ENB 单体填充毛细管。毛细作用如图 6.8 所示。ENB 单体作为修复材料,一旦与 RGC 接触,便会发生 ROMP 反应。

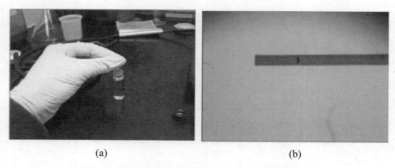

图 6.8 液体修复剂填充毛细管过程及端部特写
(a)使用液体修复剂填充毛细管的过程;(b)填充毛细管端部的特写。

填充后,必须密封毛细管的开口端,以确保修复材料留在腔内。对于密封效果,提出并测试了不同的黏合剂/密封剂。表 6.5 展示了各种黏合剂/密封剂及其效果。图 6.9 展示了文献[27]中的两个碳纤维增强聚合物(CFRP)层之间埋植入修复剂的等间距纤维。

表 6.5 建议用于中空纤维末端封端的各种密封剂的性能

序号	密封剂/黏合剂	固化方法
1	硅酮密封胶	非固化型
2	LOCTITE(商用超级胶)	室温即时固化

续表

序号	密封剂/黏合剂	固化方法
3	环氧结构胶黏剂	室温下需要24h才能干燥。为了达到最大强度,需要进行后固化处理
4	Durabond 950 FS	室温下需要24h才能干燥。为了达到最大强度,需要进行后固化处理
5	环氧树脂(Epon^{TM}828 + Epikure^{TM}3046)	室温下需要24h才能干燥。为了达到最大强度,需要进行后固化处理

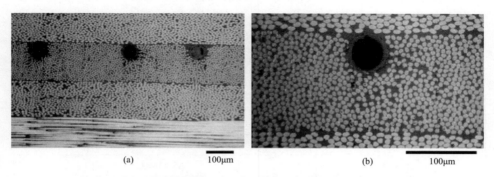

图 6.9 间距为 200 μm 的毛细管纤维(经许可转自文献[27])
(a)毛细管间距较为一致;(b)埋植在主体层压板内的毛细管状态优异。

将两组中空纤维埋植入玻璃纤维增强聚合物(GFRP)层压板。透过玻璃可以观察修复剂通过裂缝后的修复情况。图 6.10 展示了固化层压板前埋植入中空纤维的示意图。

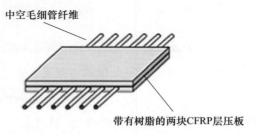

图 6.10 在将层压板固化在一起之前埋植入中空纤维的示意图

6.2.4 用中空纤维修复

用修复剂 ENB 填充内径在 20~100 μm 之间的中空纤维。

采用了以下两种方法：

(1)毛细效应。由于内径尺寸较小,通过范德瓦耳斯作用,修复剂液体被拉入毛细管。在这种情况下,纤维在埋植入 CFRP 之前将填充修复剂。

(2)真空辅助毛细管效应。少量真空可将修复液吸入中空纤维。真空填充修复剂之前,将纤维埋植入 CFRP。

在这两种情况下,高温下都存在轻微泄漏,毛细管末端的长期密封可能需要更多的研究,如使用一种以上的环氧树脂,即初始采用快速固化环氧树脂以短期密封,并通过使用第二种环氧树脂以长期辅助密封(表6.6)。

荧光素($C_{20}H_{12}O_5$)通常用作染料,其发出的荧光非常高。荧光素分子的激发发生在 494nm 处(太阳光),在 521nm 处(黄色)发生发射。荧光素染料已成功地与修复过程结合,通过裂缝流动,能够可视化玻璃纤维或碳纤维之间的修复扩散。采用这种方法,空心纤维受损后,可观察修复剂的散布(图6.11)。

表6.6 真空辅助毛细管作用填充的中空纤维

参数	描述
修复剂	ENB
黏度	很低
固化温度	$-85 \sim 146$℃
毛细管填充法	真空辅助毛细管作用
密封剂(毛细管端)	Epon™828 + Epikure™3046 + 1%(质量分数)RGC

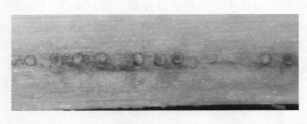

图6.11 填充有 ENB(无催化剂)和埋植入 GFRP 中荧光素的中空纤维的横截面

人为制造的裂缝尖端的直径为 4.5mm,然后沿着穿过损伤的横截面切割试样。压痕损伤可以根据落锤尖端重量和跌落高度(通常在 1~2.5kN 之间)产生的不同大小的力来预估。

GFRP/CFRP 中空纤维的损伤可以通过以下几种不同的方式引起:

(1)采用相同落锤冲击塔产生压痕(可能产生较大断裂,如主要基体开裂)。

(2)三点或四点测试产生弯曲,施加固定的静态力,从而产生内部损坏。

(3)这两种方法引起损伤的统计效应使修复评估更加困难,因为产生的缺陷存在未知变化。

即使在诱导损伤后，CFRP 仍具有其约 74% 的强度。修复后，强度恢复到 86%（即修复完成后，强度增加 12%）。

6.3 聚三聚氰胺-脲-甲醛树脂壳体内包封的 ENB 修复剂

如前所述，由于 DCPD 的冰点相对较高，有必要使用另一种温度范围更宽的单体。评估了一些候选物。ENB 是一种液相温度从 -80℃ 到 148℃ 的单体，选择其作为替代物用于进一步研究。Liu 等的研究[28]还表明，ENB 的反应速度比 DCPD 快。从成本和毒性的角度来看，这种单体比其他单体更具吸引力。虽然 ENB 比 DCPD 具有更宽的液体温度范围，但对其稳定性和包封性能的研究非常重要。

6.3.1 聚脲醛树脂壳体中 ENB 的稳定性

聚脲醛（PUF）可用作树脂壳材料参见文献[24,29-35]。

ENB、间苯二酚、脲和所有使用的化学品均购自 Sigma-Aldrich 公司。乙烯-马来酸酐（EMA）用作有机乳化剂。1-辛醇和甲醛水溶液（37%（质量分数））购自 Fisher Scientific 公司。微胶囊根据图 6.12 中概述的程序制备。

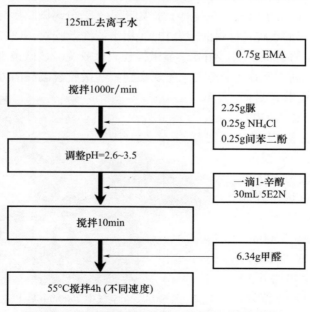

图 6.12　用聚脲醛树脂壳体制备微胶囊的流程框图

以 510r/min、800r/min 和 1200r/min 的不同搅拌速度制备微胶囊。过滤微胶囊悬浮液,然后用去离子水和丙酮清洗微囊,然后在空气中干燥。通过光学显微镜测量得到的微胶囊的尺寸示例如图 6.13 所示。

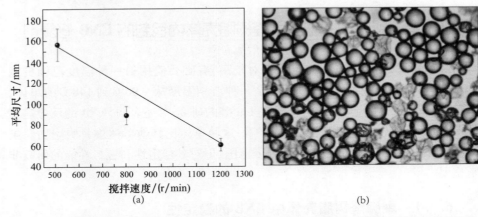

图 6.13　制备的 ENB 微胶囊的平均尺寸与搅拌速率的函数关系以及制备样品的典型光学照片
(a) ENB 微胶囊的平均尺寸与搅拌速率的函数关系;
(b) 510r/min 制备 ENB 微胶囊的典型光学照片。

正如预期,采用较高的搅拌速率,胶囊的平均尺寸较低(在制备过程中获得更好的乳液,在亲脂性液滴的表面发生聚合)。微胶囊化工艺之后,真空过滤微胶囊,然后用去离子水清洗。在去离子水中储存一天,分离微胶囊与所有浮渣(破碎的微胶囊和未形成胶囊材料的混合物)。用水清洗微胶囊,真空过滤下用丙酮冲洗,保持真空约 5min。然后用光学显微镜检查微胶囊。显微镜观察表明,用水和丙酮多次清洗后,浮渣完全消失。还观察到一些微胶囊破裂的外壳,微胶囊相当脆弱,在空气中容易破裂。当温度保持在 30℃时,使用热重分析(TGA)记录微胶囊的重量损失。结果表明,在最初 100min 内,微胶囊的重量下降非常快,之后,重量损失趋势变得缓慢。2500min 后,总重量减轻约 80%。微胶囊残余物如图 6.14 所示。其中大部分破裂,ENB 完全蒸发。

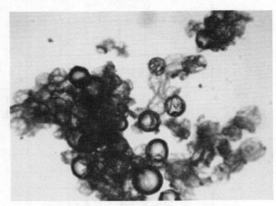

图 6.14　在空气中 2500min 后 PUF 中微胶囊化的 ENB 单体的光学图像

图 6.15 显示了微胶囊的质量损失随温度的变化(加热速率为 10℃/min)。结果显示,ENB 从微胶囊中逐渐蒸发。此外,在 230℃时,质量损失急剧下降,这表明大多数胶囊在到达该温度时完全破裂。

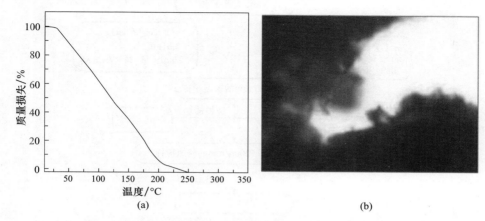

图 6.15　ENB 微胶囊随温度的质量损失变化以及加热后的图片
(a)ENB 微胶囊随温度的质量损失变化(升温速率 10℃/min);
(b)在 180℃下加热 ENB 微胶囊后的光学照片。

300min 后,总质量减轻约 80%。剩余材料是脲醛树脂壳,这意味着质量损失是由于 ENB 蒸发所造成。

根据以上试验结果得出以下结论:
(1)室温下,ENB 微胶囊在空气中并不稳定;
(2)在温度达到 300℃之前,脲醛树脂壳体材料发生分解。

6.3.2　用聚三聚氰胺-脲-甲醛树脂壳体制备 ENB 微胶囊

以前的研究已经指出了由聚脲醛(PUF)树脂壳体制备微胶囊存在严重的稳定性问题。这是因为 PUF 树脂壳是多孔性的,并且具有弹性,造成甲醛释放。此外,树脂壳壁相当薄(厚度仅 160~220nm)。为了解决这个问题,用聚三聚氰胺-脲-甲醛树脂(PMUF)替代 PUF 树脂。ENB/PMUF 制备流程框图如图 6.16 所示。

为了验证替代品的性能,进行了多次试验。通过调整混合器的搅拌速度控制微胶囊的平均尺寸。观察到,对于相对较大的微胶囊(大于 100μm)批次,通过用水和丙酮多次洗涤、过滤,很容易获得分离开的单个微胶囊。随着微胶囊粒径的减小,微胶囊之间的团聚迅速增加,通过常规洗涤技术将其分离出来极为困难。即使是一些改进的洗涤方法(如在超声波水浴中洗涤、真空离心等),也无助于分离单个微胶囊。然而,在微胶囊化过程中改进乳化剂、聚乙烯醇

(PVA)和十二烷基硫酸钠表面活性剂(SLS)用量和浓度,有助于有效分离单个微胶囊,尤其是当平均尺寸小于 20 μm 时。

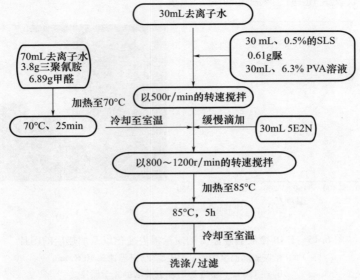

图 6.16 制备 ENB/PMUF 微胶囊的流程框图

通过改变 PVA 和 SLS 用量和浓度,进行了大量合成微胶囊的试验,以确定产生平均尺寸小于 20 μm 的、分离的、小型微胶囊的最佳条件。当结合使用 38mL、2%(质量分数)的 SLS 与 22mL、6.3%(质量分数)的 PVA 并保持其他成分相同时,发现制备的微胶囊(单独分离)质量最佳,平均尺寸小于 15 μm。搅拌速度对微胶囊平均尺寸的影响如图 6.17 所示。

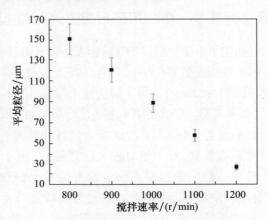

图 6.17 搅拌速度对 ENB/PMUF 微胶囊尺寸的影响

然而，试验发现，即使转速为 1200r/min，微胶囊的平均尺寸也在 20μm 左右。为了合成在较低浓度时也能表现出最大韧性的较小型的微胶囊（纳米范围），在合成过程中引入了原位超声步骤。因此，使用不同水平的超声波水浴制备 ENB/PMUF 微胶囊，以在聚合过程中形成乳液。对于同样的搅拌速度，微胶囊的大小与超声水平成反比。例如，在 1200r/min、9W 功率输出下反应 20min，大多数微胶囊的直径在 0.5~2μm 之间，如图 6.18 所示。在干燥状态下，用扫描电子显微镜（SEM）测量这些小型微胶囊（小于 5μm）的尺寸和壁厚。

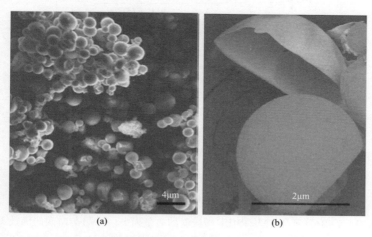

图 6.18　小型微胶囊的 SEM 显微照片及局部放大图像
（a）小型微胶囊的 SEM 显微照片；（b）显示胶囊核/壳结构的 SEM 显微照片局部放大图像。

用热重分析仪分析预估微胶囊内单体的典型含量，发现其约为 80%（质量分数），如图 6.19 所示。

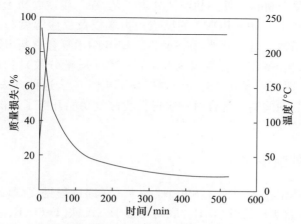

图 6.19　用于估算 PMUF/ENB 微胶囊内单体含量的热重分析（TGA）结果

6.3.3 包封 ENB 修复剂的聚脲醛树脂和聚三聚氰胺-脲-甲醛树脂外壳的露天环境稳定性比较

温度在 30℃下,2h 内,ENB/PUF 微胶囊质量损失约为 55%,因此,在空气中并不稳定(图 6.20)。外壳材料从 PUF 变为 PMUF 则大大提高了其稳定性。即使温度在 30℃下,200min 后,观察到的 PMUF 微胶囊的质量损失也小于 3%。

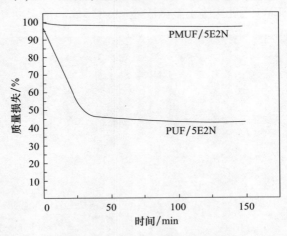

图 6.20　ENB/PUF 和 ENB/PMUF 微胶囊的质量损失(室温)与时间的函数关系

6.4　用 ENB 单体与单壁碳纳米管构建微脉管型网络结构

本节描述了由单壁碳纳米管(SWCNT)增强的 ENB 修复剂与 RGC 反应制备自修复纳米复合材料。使用超声波处理工艺,在三辊混合机上混合制备纳米复合材料。研究了 ENB-ROMP 的反应动力学以及反应温度与加入的单壁碳纳米管含量的函数关系。此外,在 SWCNT/ENB 纳米复合材料 ROMP 后的显微压痕分析显示,当 SWCNT 含量仅为 0.1%~2%(质量分数)时,硬度和杨氏模量均明显增加,即比未经处理的聚合物提高了 9 倍[36]。这种方法为使用碳纳米管(CNT)和修复剂的纳米复合材料实现自我修复功能开辟了新的前景,特别是应用于空间环境。

6.4.1　试验步骤

用等离子体炬技术合成了 SWCNT 材料(详细过程见文献[37-38])。在该方法中,结合含碳的乙烯(C_2H_4)底物与基于二茂铁[$Fe(C_5H_5)_2$]蒸气的气体催化剂,注入到惰性气体等离子体射流中。惰性气体是 50% 氩和 50% 氢的混合物。等离子体的高温（约4727℃）能够使乙烯和二茂铁分子离解，产生铁和碳蒸气。随后这些原子和分子种类在约1000℃的较温暖环境中以10^4℃/s的速率快速冷却。该过程能够产生SWCNT材料，并且在气相中生长。通过在温度为130℃的3mol/L HNO_3（Sigma-Aldrich）的酸性溶液环境中回流5h，纯化处理这些生长的、烟灰状SWCNT，然后过滤（GV型过滤器，Millipore公司生产）。

用Jeol JSM6300F型显微镜通过扫描电子显微的方式表征了等离子体生长的碳纳米管。用Jeol JEM-2100F FEG-TEM（200kV）显微镜得到明场透射电子显微（TEM）图像。通过514.5nm（2.41eV）的Ar+激光辐射进行拉曼测量，激光聚焦在样品上，光斑为1μm（显微拉曼光谱，Renishaw Imaging Microscope WiRE™公司生产），拉曼光谱在室温下、100~2000cm^{-1}光谱区，以背向散射条件测试。

所有化学品（第一代RGC、ENB单体、Epon™ 828环氧树脂等）均购自Sigma-Aldrich公司，使用前未经处理。首先将纯化后的SWCNT称重，分散于ENB溶液。通过三辊混合机（Exakt 80 E，Exakt科技有限公司生产）多次传送含有不同质量分数SWCNT的最终纳米复合材料，根据Thostenson和Chou[39]所述方法调整辊之间间隙和胶圈辊的速度。整个程序包括使混合物5次以200r/min的速度穿过25μm间隙，5次以200r/min的速度穿过15μm间隙，最后9次以250r/min的速度穿过5μm的间隙。用超声波处理（8891型超声波清洁器，Cole Parmer公司生产）纳米复合材料溶液30min。同时，将RGC粉末（Sigma-Aldrich公司生产）与二氯甲烷有机溶液（Sigma-Aldrich公司生产）混合，与SWCNT机械混合过程相同。溶剂蒸发后，通过温和搅拌（热板搅拌器，型号SP131825，Barnstead国际公司生产），将精细的RGC粉末缓慢加入含有SWCNT的纳米复合溶液，并立即将获得的纳米复合材料样品置于保温室（Tenney Junior Environment Chamber™），聚合时间从最后一步开始计算。如此之后，ROMP反应在15~45℃的不同温度下进行。

通过使用40倍的物镜（BX61，Olympus公司生产）和图像分析软件（Image-Pro Plus，美国Media Controlnetics公司开发），在透射光光学显微镜下观察1mm厚的薄膜，表征微观尺度的分布。

完全聚合后，使用配备Vickers金刚石压头的商用CSM显微压痕测试仪（CSM装置），通过深度传感压痕表征得到ENB/SWCNT纳米复合材料的力学性能。加载负荷为3N。每个样品的硬度（H）和杨氏模量（E）均通过至少10次压痕试验获得。

6.4.2 结果和讨论

图6.21(a)展示了生长的单壁碳纳米管沉积的代表性TEM显微照片，其中

清晰可见几束单壁纳米管(单根管的直径约为1.2nm)。结合SWCNT,也可以用等离子体炬工艺生产其他碳纳米结构(如纳米笼、纳米洋葱和纳米角)。预计金属催化剂纳米颗粒(NP)也存在于未经处理的沉积物[如图6.21(a)中的黑色箭头所示]。纳米管纯化减少了大部分催化剂残留物和其他影响高密度的结构缺陷的碳纳米结构。纯化的SWCNT由直径在2~10nm范围、长度几微米量级的管束组成,其长径比至少为3个数量级。纯化后的纳米管材料的典型拉曼光谱[图6.21(b)]显示,在低频(100~300cm^{-1})和高频(约1600cm^{-1})区域出现清晰的散射峰,分别对应于径向振动模式(RBM)和切向振动模式(G),这是SWCNT存在的特征。根据Bandow等[40]的公式,RBM峰值集中于185cm^{-1}处,这是由于存在SWCNT的缘故,由平均直径为1.2nm的SWCNT所产生。1350cm^{-1}附近的无序峰(D峰),则是由于存在无定形和/或无序的碳结构。然而,非常低的D-G峰强度比(约0.05)值得注意,因为它表明SWCNT团簇的整体质量较高。TEM观察结果与拉曼光谱结果一致,证实了生长的碳纳米管的单壁结构及其窄直径。

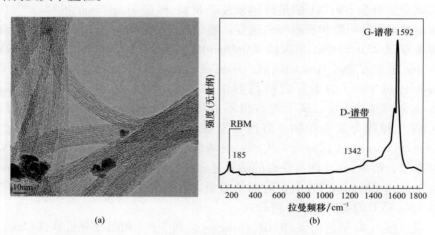

图6.21 生长的SWCNT的形态(经许可转自文献[36])
(a)纯化后的SWCNT材料的典型TEM图像;(b)SWCNT团簇的
典型拉曼光谱(其中RBM、D-谱带和G-谱带清晰可见)。

为了证明聚合反应的动力学是温度和SWCNT浓度的函数,正如在6.1节中描述的研究,ROMP反应试验的温度范围为-15~45℃,CNT的含量范围内为0~5%(质量分数)。图6.22显示了ENB聚合(ROMP)所需时间与反应温度的关系。温度在-15℃时为146min,只有当反应温度升高到20℃时才减少到4min。当温度升至45℃时,聚合反应会在很短的时间内(低至0.2min)发生。值得注意的是,相对于CNT的含量,没有观察到ROMP反应动力学的显著变化。因此,在室温下,发现由 Grubbs 催化剂引发的 ENB 单体的 ROMP 反应发生在非常短的时间内(不到 5min)。与替代的单体相比,ENB 单体需要的聚合时间无疑最优[26]。

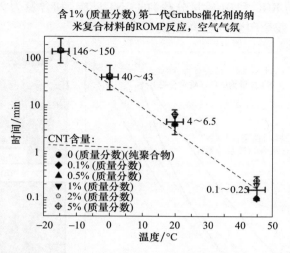

图 6.22 ENB 聚合时间(ROMP)与反应温度和 CNT 含量的函数关系(经许可转自文献[36])

微/纳米压痕法目前常用于微/纳米尺度研究材料的力学性能。这是一种简单的技术,可用于测量大多数聚合物和薄膜的力学性能。显微硬度试验基于仪器压痕标准 AST ME2546[41] 和 ISO 14577-1[42]。通过使用一种构建好的方法,即通过施加不断增加的标准载荷,将具有已知几何形状的压头压入待测材料的特定位置。达到预设的最大值时,再降低标准载荷,直到发生部分或完全松弛。重复该程序;在试验的每个阶段,用光学非接触式深度传感器精确监测样品表面位置的压头。

对于每个压痕,根据压头的相应位置绘制施加的载荷值。由此产生的载荷/位移曲线提供了特定受检材料机械性质的数据,通过这些载荷-位移数据,可以确定许多力学性能,如硬度和弹性性能(E)[43]。简而言之,力学性能根据试样对施加加载的机械响应以及压头的几何形状确定[43-45]。

使用带有维氏(Vickers)金刚石形状压头的硬度测试仪。用建立的模型计算此类数据的定量硬度和模量值。事实上,该系统配备了 Oliver-Phar[46] 自动计算方法(OP 法),通过特定软件直接得到力学性能。

压痕技术测定常用的两种主要力学性能是硬度和杨氏模量。当压头压入样品时,会发生弹性变形和塑性变形,并形成符合压头几何形状的硬度(H)压痕。取出压头期间,仅恢复位移的弹性部分,据此可以计算弹性模量。微/纳米硬度定义为压痕载荷除以估算的压痕接触面积。用该技术表征 CNT/ENB 纳米复合材料静态力学性能[45]。表征了含量为 0~5%(质量分数)的 CNT 的 CNT/ENB 纳米复合材料的力学性能。图 6.23(a)显示了针对 3N 荷载得到的载荷 – 位移曲线的典型示例,而图 6.23(b)和图 6.23(c)分别显示了施压后纯 ENB [即 ENB 单体与 RGC 和 0(质量分数)的 CNT 反应]和含量为 2%(质量分数)的 CNT 的 ENB 残余印模的光学图像。

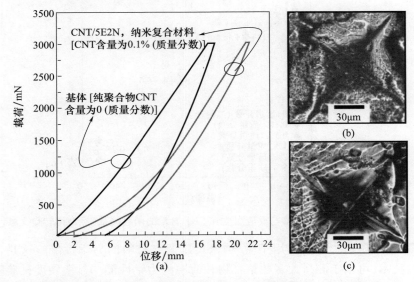

图 6.23 复合材料的载荷 – 位移曲线及压痕试验后的残余印模(经许可,转自文献[36])
(a)ENB 及其 SWCNT 增强样品在峰值压痕载荷为 3N 时压痕的典型载荷 – 位移曲线;
(b)纯 ENB 与 RGC[即 0(质量分数)的 CNT]反应,压痕试验后的残余印模;
(c)3N,ENB/CNT[CNT 含量为 2%(质量分数)],压痕试验后的残余印模。

表 6.7 总结了得到的所有力学性能的数据。当施加更高的载荷时,H 和 E 均随 CNT 含量的增加而增加。与纯 ENB 聚合物[即 0(质量分数)CNT]相比,显微压痕分析结果表明,CNT/ENB 表现出更高的弹性应变失效和塑性变形抗力,分别以 H/E 和 H^3/E^2 比率表示。

表 6.7 施加 3N 固定载荷时,通过维氏显微压痕法得到的所有力学性能数据汇总(经许可转自文献[36])

碳纳米管含量	硬度 H/GPa	杨氏模量 E/GPa	失效弹性应变 H/E	塑性变形抗力 (H^2/E^2)/GPa
初始样品(0(质量分数))	0.4	3.6	0.11	0.0123
1 号:0.1%(质量分数)	1.3	5.9	0.22	0.0485
2 号:0.5%(质量分数)	1.9	8	0.23	0.0564

续表

碳纳米管含量	硬度 H/GPa	杨氏模量 E/GPa	失效弹性应变 H/E	塑性变形抗力 H^2/E^2/GPa
3号:1%(质量分数)	2.7	11	0.24	0.0602
4号:2%(质量分数)	3.6	14	0.25	0.0661
5号:5%(质量分数)	0.8	4.6	0.17	0.0302

表6.7总结了纯ENB聚合物及其纳米复合材料样品的硬度(H)、杨氏模量(E)、弹性应变(H/E)和塑性变形阻力(H^2/E^2),与纳米管含量成函数关系。与纯ENB样品相比,当CNT含量低至0.1%(质量分数)时,明显提高所有力学性能,并且力学性能随着纳米管含量的增加而继续增加[如当CNT含量仅为2%(质量分数)时硬度提高达900%],表明纳米管具有独特的增强效果[45]。

加入的CNT填料可作为ENB聚合物内部的交联网络,从而增加其整体的力学性能。然而,值得注意的是,当CNT含量为5%(质量分数)时,与含量为0.1%~2%(质量分数)的样品相比,样品性能没有显示出任何进一步的提高。这些结果可以解释为,碳纳米管的高比表面积随着其在纳米复合材料中的浓度而增加。当CNT含量为5%(质量分数)时,很可能可用于插入碳纳米管束的聚合物较少。因此,在这种含量水平下,纳米管之间的相互作用要高得多,形成聚集体。纳米管束的聚集体降低了聚合物基体中SWCNT的有效含量。在此含量水平,该聚集体可能会导致样品中的SCWNT拉出、脱落、断裂或缠绕,这直接决定其力学性能低于其理论预测的潜在数值[47]。此外,聚集体的数量随着纳米管浓度的增加而增加,阻止了聚合物与SWCNT的进一步相互作用[44],而且可能只有纳米管束外壁面与聚合物基体连接。纳米管内腔在范德瓦尔斯力作用下相互作用较弱。管束中的纳米管很容易相互滑动,并且CNT管束的剪切模量相对较低[48]。这是SWCNT浓度较高时,力学性能显著降低的原因之一[47]。当纳米管浓度较低时[即小于2%(质量分数)],可以使聚合物插入SWCNT束内腔,有助于纳米管的分散。因此,纳米管之间的相互作用较低,且管束可以分离。因此,与理论预测值相比,较高浓度的CNT聚集体的存在被认为是造成相对较低的硬度和杨氏模量的原因[47]。值得注意的是,理论上对强度和弹性模量的预测几乎都适用于分散在基体中的单个纳米管,而基于试验的计算尚未很好地解决可能出现的管束中单个管的相对滑动和CNT管束的聚集。因此,必须非常小心地处理这些假设,并进行更多的定量表征(如将低温切片加工技术用于CNT含量的函数),支撑上述假设。将聚合物插入SWCNT管束是SWCNT-聚合物纳米复合材料中的关键增强机理之一,不可避免地需要更好的分散技术克服上述限制。最后,事实上,低至0.1%(质量分数)的CNT含量就可使力学性能发生变化,这说明,机械和/或电逾渗阈值很可能都在该值附近。

6.4.3　三维微脉管网络和自修复测试的设计思路

用计算机控制的机器人(I&J 2200-4、I&J Fisnar 公司生产),沿 x、y 和 z 轴移动配药装置(HP7XTM,EFD 公司生产),制备了三维微型支架[49]。微型支架的制造始于在环氧衬底上沉积基于油墨的细丝,形成二维图案。通过将分配喷嘴的 z 位置连续增加细丝的直径来沉积以下各层。三维微型支架由 11 层易挥发的油墨丝组成,沿支架 x 轴的纵向和垂直方向交替沉积。在 1.9MPa 的挤出压力下,沉积速度为 4.7mm/s 时,墨丝直径为 150μm。三维油墨结构的总体尺寸为长 62mm、宽 8mm、厚 1.7mm,墨丝之间的间距为 0.25mm,支架细丝之间的空隙填充有与制造衬底采用的相同环氧树脂(即 Epon™ 828/Epikure™ 3274,Miller Stephenson 化学公司生产),并与 Grubbs 催化剂颗粒的细粉末混合。用环氧树脂固化后,温度在 100℃下液化、真空处理,从结构中除去易挥发油墨,产生互联的三维微流体网络。图 6.24 是通过三维微流体网络显微注射的三维增强纳米复合材料管束的制造工艺示意图。

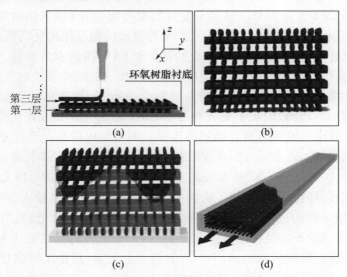

图 6.24　通过三维微流体网络显微注射的三维增强
纳米复合材料管束的制造工艺示意图(经许可转自文献[36])
(a)环氧树脂衬底上沉积的易挥发油墨支架的侧视图;(b)环氧树脂衬底上
沉积的易挥发油墨支架的俯视图;(c)树脂固化后的含有 Grubbs 催化剂的
环氧树脂封装的三维油墨支架;(d)真空中温度在 100℃下去除油墨的示意图。

第 6 章　先进制造工艺回顾

用含有 0.5%（质量分数）的 CNT 液体纳米复合材料（ENB/CNT）显微注射入空的微流体网络，形成三维增强管束。注入的材料表现为环氧树脂/RGC 纳米颗粒基体内的微尺度纤维。图 6.25 示意性地说明了纳米复合物注入管束的显微注入步骤。使用流体分配器（EFD 800，EFD 公司生产）通过连接到管束末端的塑料管和两端的流体分配器将纳米复合材料注入空通道。将注射压力调整为 400kPa，使注射速度达到约 1mm/s。然后密封最终样品，以保护样品中的液体纳米复合材料。

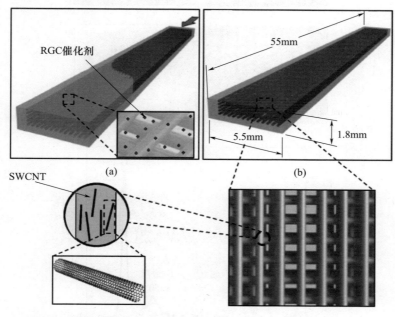

图 6.25　ENB/SWCNT 纳米复合材料的最终效果（经许可转自文献[36]）
(a)用制备的液体 ENB/SWCNT 纳米复合材料微注入空网络；(b)切割管束至最终尺寸。

图 6.26(a)显示了一个刚好在低速落锤（冲击能量约 23J）造成的冲击损伤（孔洞）之后的微脉管型纳米复合材料渗透网络的光学俯视图。从图 6.26(b)中可以看到，微脉管型样品在 60℃下加热 15min，冲击损伤似乎完全由液态 ENB/SWCNT 纳米复合修复剂填充，并在 30min 后完全固化，见图 6.26(c)。液态 ENB/SWCNT 纳米复合材料在冲击后释放出来，并与已经埋植入环氧树脂支架中的 RGC 纳米颗粒相遇，发生 ROMP 反应。从横截面上可以清楚地看到（图 6.26(d)），ENB/SWCNT 纳米复合材料在损伤区域内的聚合。

另外，冲击试验之前（即在未损坏的环氧树脂支架上）和完全修复过程之后（损伤孔被完全填充和完全固化），立即测试的损伤区的拉曼光谱如

图6.26(e)所示。RBM、D拉曼峰和G拉曼峰清楚地证实了在修复损伤中存在SWCNT材料[50-51]。

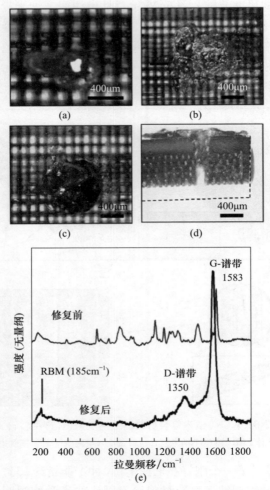

图6.26 微脉管型纳米复合材料的修复过程图(经许可转自文献[36])
(a)刚进行冲击试验后的微脉管型纳米复合材料渗透网络的光学俯视图;(b)60℃、加热15min的样品;(c)60℃、加热30min后液体修复剂完全凝固的样品;(d)图(c)中修复损伤的横截面图(清晰地显示出孔内的聚合);(e)冲击之前和孔修复之后直接在损伤区域上进行的拉曼光谱图(显示自修复损伤中明显存在SWCNT材料,可见RBM、G-谱带和D-谱带)。

完成这一概念的验证步骤之后可以看出,本研究中的自修复系统具有实际应用的潜力。自修复系统对于需要良好的耐用性和长期使用寿命的结构,或难以进行检查和维护的结构,具有无可匹敌的优势。未来还需要进行更多的工作,以更系统地描述微脉管型装置的修复效率,探求纳米管含量、损伤形态(即撞击区的几何形态和形状)对修复的影响,以及修复过程的反应动力学[52]。

本章所得到的研究结果,无疑为使用 CNT 和修复剂制备具有更高机械特性的纳米复合材料实现自修复功能开辟了新的应用前景,特别是在空间环境中。

参考文献

[1] B. Aïssa, R. Nechache, E. Haddad, W. Jamroz, P. G. Merle and F. Rosei, *Applied Surface Science*, 2012, 258, 24, 9800.

[2] R. Eason, *Pulsed Laser Deposition of Thin Films*:*Applications – Led Growth of Functional Materials*, Wiley, Hoboken, NJ, 2006.

[3] H. M. Smith and A. F. Turner, *Applied Optics*, 1965, 4, 1, 147.

[4] D. Dijkkamp, T. Venkatesan, X. D. Wu, et al., *Applied Physics Letters*, 1987, 51, 8, 619.

[5] D. B. Chrisey and G. K. Hubler, *Pulsed Laser Deposition of Thin Films*, John Wiley, New York, NY, 1994.

[6] C. R. Guarnieri, R. A. Roy, K. L. Saenger, S. A. Shivashankar, D. S. Yee and J. J. Cuomo, *Applied Physics Letters*, 1988, 53, 6, 532.

[7] C. M. Foster, K. F. Voss, T. W. Hagler, et al., *Solid State Communications*, 1990, 76, 5, 651.

[8] S. R. Shinde, S. B. Ogale, R. L. Greene, et al., *Applied Physics Letters*, 2001, 79, 2, 227.

[9] E. Fogarassy, C. Fuchs, A. Slaoui and J. P. Stoquert, *Applied Physics Letters*, 1990, 57, 7, 664.

[10] M. Balooch, R. J. Tench, W. J. Siekhaus, M. J. Allen, A. L. Connor and D. R. Olander, *Applied Physics Letters*, 1990, 57, 15, 1540.

[11] N. Biunno, J. Narayan, S. K. Hofmeister, A. R. Srivatsa and R. K. Singh, *Applied Physics Letters*, 1989, 54, 16, 1519.

[12] H. Kidoh, T. Ogawa, A. Morimoto and T. Shimizu, *Applied Physics Letters*, 1991, 58, 25, 2910.

[13] J. A. Martin, L. Vazquez, P. Bernard, F. Comin and S. Ferrer, *Applied Physics Letters*, 1990, 57, 17, 1742.

[14] R. E. Smalley and R. F. Curl, *Scientific American*, 1991, 265, 4, 32.

[15] S. G. Hansen and T. E. Robitaille, *Applied Physics Letters*, 1988, 52, 1, 81.

[16] H – U. Krebs and O. Bremert, *Applied Physics Letters*, 1993, 62, 19, 2341.

[17] A. J. M. Geurtsen, J. C. S Kools, L. de Wit and J. C. Lodder, *Applied Surface Science*, 1996, 96 – 98, 887.

[18] R. Nechache, C. Harnagea, A. Pignolet, et al., *Applied Physics Letters*, 2006, 89, 10, 102902.

[19] S. Fähler and H – U. Krebs, *Applied Surface Science*, 1996, 96 – 98, 61.

[20] R. Kelly and J. E. Rothenberg, *Nuclear Instruments and Methods in Physics Research*: B, 1985, 7 – 8, 2, 755.

[21] C. R. Phipps, Jr., T. P. Turner, R. F. Harrison, et al., *Journal of Applied Physics*, 1988, 64, 3, 1083.

[22] C. W. Bielawski and R. H. Grubbs, *Progress in Polymer Science*, 2007, 32, 1, 1.

[23] X. Liu, X. Sheng, J. K. Lee, M. R. Kessler and J. S. Kim, *CompositesScience and Technology*, 2009, 69, 13, 2102.

[24] S. R. White, N. R. Sottos, P. H. Geubelle, et al., *Nature*, 2001, 409, 6822, 794.

[25] A. S. Jones, J. D. Rule, J. S. Moore, N. R. Sottos and S. R. White, *Journal of the Royal Society - Interface*, 2007, 4, 13, 395.

[26] R. P. Wool, *Soft Matter*, 2008, 4, 3, 400.

[27] R. S. Trask, G. J. Williams and I. P. Bond, *Journal of the RoyalSociety - Interface*, 2007, 4, 13, 363.

[28] X. Liu, J. K. Lee, S. H. Yoon and Michael R. Kessler, *Journal ofApplied Polymer Science*, 2006, 101, 3, 1266.

[29] M. R. Kessler and S. R. White, *Composites Part A: Applied Scienceand Manufacturing*, 2001, 32, 5, 683.

[30] E. N. Brown, N. R. Sottos and S. R. White, *Experimental Mechanics*, 2002, 42, 4, 372.

[31] E. N. Brown, M. R. Kessler, N. R. Sottos and S. R. White, *Journal of Microencapsulation*, 2003, 20, 6, 719.

[32] M. R. Kessler, N. R. Sottos and S. R. White, *Composites Part A: Applied Science and Manufacturing*, 2003, 34, 8, 743.

[33] L. Yuan, A. Gu and G. Liang, *Materials Chemistry and Physics*, 2008, 110, 2-3, 417-425.

[34] A. C. Jackson, B. J. Blaiszik, D. McIlroy, N. R. Sottos and P. V. Braun, *Polymer Preprints*, 2008, 49, 1, 967.

[35] R. S. Trask and I. P. Bond, *Smart Materials and Structures*, 2006, 15, 3, 704.

[36] B. Aïssa, E. Haddad, W. Jamroz, et al., *Smart Materials and Structures*, 2012, 21, 10, 105028.

[37] O. Smiljanic, B. L. Stansfield, and J-P. Dodelet, A. Serventi and S. De' silets, *Chemical Physics Letters*, 2002, 356, 3-4, 189.

[38] O. Smiljanic, F. Larouche, X. L. Sun, J-P. Dodelet and B. L. Stans-field, *Journal of Nanoscience and Nanotechnology*, 2004, 4, 8, 1005.

[39] E. T. Thostenson and T-W. Chou, *Carbon*, 2006, 44, 14, 3022.

[40] S. Bandow, S. Asaka, Y. Saito, et al., *Physical Review Letters*, 1998, 80, 17, 3779.

[41] ASTM E2546, *Practice for Instrumented Indentation Testing*, 2007.

[42] ISO 14577-1, *Metallic Materials - Instrumented Indentation Test forHardness and Materials Parameters - Part 1: Test Method*, 2003.

[43] X. D. Li and B. Bhushan, *Materials Characterization*, 2002, 48, 1, 11.

[44] L. Valentini, J. Biagiotti, J. M. Kenny and M. A. L. Manchado, *Journalof Applied Polymer Science*, 2003, 89, 10, 2657.

[45] X. Li, H. Gao, W. A. Scrivens, et al., *Nanotechnology*, 2004, 15, 11, 1416.

[46] W. C. Oliver and G. M. Pharr, *Journal of Materials Research*, 1992, 7, 6, 1564.

[47] A. A. Mamedov, N. A. Kotov, M. Prato, D. M. Guldi, J. P. Wicksted and A. Hirsch, *Nature Ma-*

terials,2002,1,3,190.
[48] P. C. P. Watts, W. K. Hsu, G. Z. Chen, D. J. Fray, H. W. Kroto and D. R. M. Walton, *Journal of Materials Chemistry*,2001,11,10,2482.
[49] D. Therriault, S. R. White and J. A. Lewis, *Nature Materials*,2003,2,4,265.
[50] M. S. Dresselhaus, A. Jorio, A. G. Souza Filho, G. Dresselhaus and R. Saito, *Physica B: Condensed Matter*,2002,323,1−4,15−20.
[51] S. Suzuki and H. Hibino, *Carbon*,2011,49,7,2264−2272.
[52] S. Mostovoy, P. B. Crosley and E. J. Ripling, *Journal of Materials*,1967,2,3,661.

第 7 章

空间环境的自修复

空间环境对结构材料非常不利。位于 200～700km 高度的低轨道（LEO）不仅是一个惰性真空，还包含活性很高的原子氧（AO）、越来越多的人造碎片、天然微流星体、紫外线（UV）辐射、电磁辐射、微粒辐射（电子、质子和重离子）以及极端的温度。为什么说航天器的寿命由环境引起的结构材料降解所决定？这就是原因。当代航天器的预期寿命，仅为 5～7 年。因此，航天器非常需要有自我修复功能的系统，这种自修复系统可以减轻可能导致以下灾难性故障的损坏：

(1) 结构部件故障（如"挑战者"号和"哥伦比亚"号航天器事故）；

(2) 航天器中使用的电线的绝缘材料失效（美国航空航天局的 STS-93 飞行任务）；

(3) 空间环境所用仪器中使用的聚合物膜失效。

由于这些原因，已经研究了用于空间应用的各种自修复方法。主要是聚合物基体的材料被应用于自修复系统。通常包括各种环氧树脂、聚酰亚胺、聚砜和酚醛树脂。特别是，氰酸酯树脂已被考虑使用，因为与第一代环氧树脂基体相比，它们具有较低的吸湿性和气体渗透性。碳纤维、玻璃纤维和芳纶纤维也被用作复合空间结构中的增强丝材料。芳纶纤维通常用作屏蔽系统中的"缓冲物"，以防止微流星体撞击引起的损坏。表 7.1 为用于空间结构的典型的复合材料。

表 7.1 用于空间结构的典型的复合材料

材料	商标名及化学品名
碳纤维	T300 纤维
	GY-70（纤维，Celanese）
	P75
	HMF176
	T50
	AS-4 纤维

续表

材料	商标名及化学品名
陶瓷复合材料	SiC、ZrB_2 及 Y_2O_3 – 基粉末和复合材料
树脂型环氧树脂	934 树脂
	5028 树脂
	X30
	CE339
	HexPly F263(Hexcel)
	X904B
	3501 – 6(Hexcel)
	ERL – 1962

在地球上和空间环境中,在专门的研究平台上,如长期暴露装置(LDEF)以及载人飞行中的测试设施,像美国航空航天局(NASA)航天飞机已经系统地设计了许多试验方案。这些测试方案已经被多次补充,并结合了从返回地球的复合结构(如来自俄罗斯空间站"和平号"上的太阳能电池)中获得的附加信息。这些丰富的信息极大地帮助了设计人员修改他们的方法和现有的地面设计概念,以便这些测试方案能够满足在太空环境中使用聚合物基复合材料的复杂需求。

这些知识还有助于制订严格的验证测试计划,以确定复合材料是否被认为可用于太空环境。例如,对于要获得欧洲航天局(ESA)批准的复合结构,材料必须通过 ECSS – Q – 70 – 04 协议[1]中规定的热循环技术要求和 ECSS – Q – 70 – 02 协议[2]中规定的热真空测试技术要求。

表 7.2 中概述了低轨道(LEO)的空间环境,表 7.3 定义了近地圆轨道(CLEO)和大椭圆轨道(HEO)[3]的任务环境。

表 7.2 低轨道(LEO)的空间环境特征

环境	LEO 条件
高真空	$1.73 \times 10^{-7} \sim 1.73 \times 10^{-8}$ Pa
紫外辐射	100~400nm,相当于日照 4500~14500h
原子氧	$10^{-3} \sim 9.02 \times 10^{21}$ 个原子/cm^2(面向运动的表面)在长期暴露装置(LDEF)暴露 5.8 年后
流星体和碎片撞击	大于 36000 个颗粒,从 0.1~2.5mm,对面向冲击表面的影响很大
热循环	LEO:$-47 \sim 85$℃,± 11℃。最坏情况:$-160 \sim 160$℃

表 7.3 预期的任务环境参数

空间参数	CLEO	HEO
预期寿命电子辐射剂量/Mrad	10	1000
热循环/℃	(−100±20)至(100±20)	(−150±20)至(150±20)
寿命/年	>10	>10
轨道/n mile	<450(倾角为28.5°的轨道)	450~22500(倾角为28.5°的轨道)

在选择复合材料和/或自修复树脂系统之前,应充分了解空间环境中每个单独因素的确切影响及其作用。空间环境的某些方面会以不同的方式影响复合结构。

7.1 空间环境中自修复反应的挑战

总体来说,修复方法可分为四大类:
(1)微胶囊或颗粒在结构内随机散布;
(2)基于中空纤维或微管系统的有组织网络;
(3)基于丝状材料(形状记忆合金、纤维和导电金属丝)的有组织网络;
(4)具有外部触发系统(主动系统)的有组织的网络。

使用微胶囊进行自我修复的一个例子是在复合材料中实施的修复过程。在该系统中,单体被包封,然后与催化剂一起分散。一旦微胶囊破碎(破裂),单体就会在裂缝中流动,并在分散的催化剂作用下聚合。微裂缝以这种方式被修复。另一种方法是向被动系统添加触发机制。在这种情况下,修复过程在外部被激活,如阳光可以作为触发机制。同时,阳光也可用于提高固化过程的效率。

修复材料通过减少疲劳损伤的传播,以及减轻结构材料中小裂缝的生长,来提高主体结构、发射器和空间结构的安全性、可靠性和使用寿命。然而,添加的修复剂会影响主体材料固有的特性,因此,需要对材料的强度、制造工艺及其寿命进行全面验证。

图 7.1 汇总了用于验证自修复技术的概念、途径和方法的分类。

长期以来,多位学者一直提倡使用存储在复合材料内部的功能组件来恢复损坏后的物理性能。《自修复材料》第 1 版于 2007 年出版,收录了由该领域的主要权威撰写的论文,涵盖了从聚合物到金属再到陶瓷的各类材料。从那时起,文献中出现了几篇关于自修复聚合物的综述[5-14]。Bergman 和

Wudl[5]描述了聚合物的本征修复及其机制。Wool[6]试图解决聚合物损伤和修复的一般理论,这些理论借鉴了聚合物-聚合物界面的相关领域的进展。Wu等[7]撰写了关于聚合物系统中断裂力学和修复机制的入门书。Kessler[8]和Yuan等的评论[9]则更加普适,并论述了该领域正在进行研究的背景。最近的MRS公报专门介绍了自修复聚合物[10-13],其中总结了自修复化学[11],以及聚合物[12]和复合系统[13]。最近,Trask等[14]综述了自修复纤维增强复合材料,Ghosh[15]则撰写了一本优秀的专著,专门介绍自修复材料的设计策略和应用。

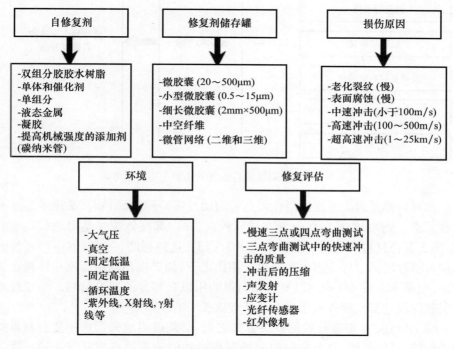

图7.1 被动自修复概念的分类

根据正在开发的自修复系统,基于单体、环氧化物甚至染料的修复剂和催化剂首先被整合到微胶囊、中空纤维或微管通道形状的储存罐中,然后嵌入到聚合物系统中。在机械裂化时,这些储存罐破裂,反应剂在毛细力的作用下流入裂缝,在预分散的催化剂作用下固化。这种方法旨在阻止裂纹的扩展。这个过程通常是自主的,不需要额外的触发过程[15]。

自修复通常被认为是通过对裂纹的修复而恢复机械强度。但是,还有其他类型的损伤,如可以修复的小针孔,以确保各种材料的正常性能。自修复聚合物可用于修复小刺孔和针孔。它们在减轻诸如微流星体穿透和/或AO效应等事件造成的潜在灾难性损害方面显示出巨大的希望。有效的自修复要求这些材料在弹丸穿透后立即愈合,同时保持其结构完整性。

但是,为了实现有效的自修复,我们必须考虑主要的空间环境参数。图7.2说明了材料、结构和空间环境参数之间的各种相互作用。

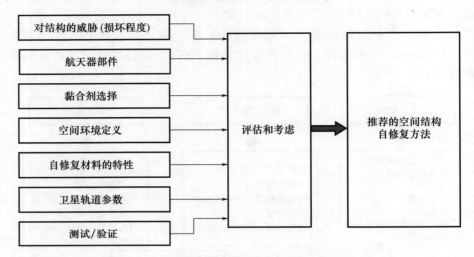

图7.2 开发空间结构自修复方法的主要技术考量

在对自修复解决方案的潜在候选者的属性进行筛选评估时,必须考虑所有这些元素。例如,如果损伤包含在层压板内,即内部基体裂纹是由热载荷引起的,那么复合材料系统将不会暴露于AO,因此,选择树脂(或复合材料)系统并确定自修复层的位置变得更加简单。相比之下,如果损伤是由微流星体撞击引起的,则必须考虑AO问题以及它如何影响用以自修复的复合材料。由于脱水而引起的尺寸变化则代表了另一个严峻挑战。

综上所述,在实施有效的解决方案之前,必须确定航天器所用复合材料结构的性能、空间环境、复合材料引起的损伤模式以及不同自修复方法的空间适应性。

根据Dry[16]提出的概念,自修复复合材料的可能性已经出现。此后,White等[17]对这些概念进行了修改和进一步发展。这些系统基于包嵌于聚合物中的封装修复剂。已经进行的测试已经证实,自修复复合材料恢复了高达90%的原始强度。因此,这种材料能够感知损伤并启动修复,而无需外部触发器或控制。这个过程被称为自主自修复。这个概念是由伊利诺伊州厄巴纳大学的一个研究小组提出的[17]。它依靠一种修复剂(交联聚合物)在两个裂纹面之间形成黏合,并修复结构(图7.3)。这种技术在空间结构方面具有广泛的潜在应用。

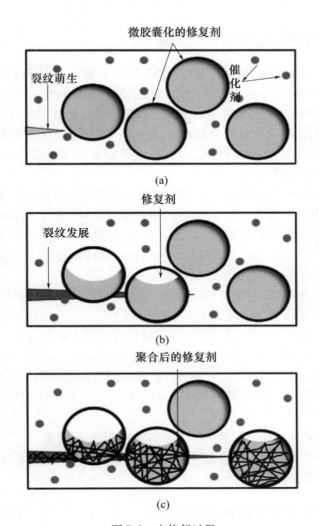

图 7.3 自修复过程

(a)制备修复剂单体(如二环戊二烯)并储存于微胶囊中(微胶囊和催化剂分散并埋植入基体结构中);(b)当裂缝到达微囊时会导致胶囊破裂,从而释放出单体修复剂;(c)通过单体和嵌入的催化剂之间的聚合实现自修复。

7.2 空间应用方法

本节概述了几种专门为空间应用开发的自修复方法。这些新开发的技术适用于复合结构、电线、重返大气层耐热材料、推进储箱、人类宇航服、充气式可居住结构等。

7.2.1 使用微胶囊进行自修复

碳纤维增强聚合物(CFRP)面板是用植入微胶囊和中空纤维中的 DCPD 制备的。Epon™828 和 Epon™862 树脂用于 CFRP 层压结构中。然后使用 1kg 的块体材料对 CFRP 进行压痕冲击。细长的微胶囊可以将最大量的修复剂输送到受损区域。然而,这种细长的微胶囊难以制造。通过使悬浮在液体中的单个液滴变形,可获得细长的胶囊[18-19]。然而,由于分散相和连续相之间的界面张力,球形微胶囊更容易制造。

对在两个中间层之间含有修复剂的 CFRP 层压板样品进行裂纹处理。修复过程完成后,使用三点弯曲装置,对样品进行循环载荷(高达 250000 次循环)测试。半数的试样得到有效修复。然而,随着持续循环试验,试样的性能表明损伤已恢复到原始状态。据此得出的结论是,通过微胶囊技术实现的修复可能仅限于裂缝体积内可获得的修复剂的量[20]。

与目前使用的金属材料低温泵相比,复合材料低温罐或复合材料缠绕压力容器(COPV,又称复合材料气瓶)具有重量减轻的优势。由于其对微裂纹的敏感性,复合材料中使用的环氧树脂基体的脆性构成了主要的挑战。这些裂纹可能是由于暴露于低温条件或外部来源的冲击而引起的。如果裂纹不能被避免,微裂纹会增加气体渗透和泄漏。通过联合使用改性树脂和纳米颗粒添加剂,可以确保获得稳健可靠的 COPV。所使用的独特的纳米颗粒已经过表面功能化,可与树脂兼容[21]。

通过采用表面改性的纳米材料添加剂,制备了另一种具有低黏度的环氧树脂。低黏度改善了 COPV 的制造和加工。初步结果表明,这些新容器的爆破压力比原来的容器高出 20%~25%。修复剂的用量为总重量的 20%[21]。

7.2.2 使用碳纳米管进行自修复

有必要改进航空航天工业使用的修补片。多壁碳纳米管(MWCNT)/环氧树脂和镀镍多壁碳纳米管(Ni-MWCNT)/环氧树脂系统被建议作为可能的解决方案。MWCNT 和 Ni-MWCNT 增加了复合材料的抗拉强度和阻尼性能。将 MWCNT 进行镀镍处理后,该涂层便具有了导热性、导电性、磁性和耐腐蚀性。MWCNT 和 Ni-MWCNT 可通过真空树脂灌注工艺注入到碳纤维复合材料修补片中。MWCNT 和 Ni-MWCNT 没有改变环氧树脂体系的热稳定性。使用探头超声仪将它们分散在树脂中似乎影响了环氧树脂的硬段部分。优化 MWCNT 和 Ni-MWCNT 在修补片中的整合进程也取得了一定进展。这项技术的应用包括航天器、商用飞机、运动器材和汽车[22]。

7.2.3 陶瓷的自修复

对开发 SiC/SiC 陶瓷基复合材料(CMC)的兴趣,是因为与精细陶瓷相比,这种材料具有更高的损伤容限。当代的陶瓷基复合材料几乎完全依靠 SiC 纤维来承载负载,导致基体过早开裂。创新的 CMC 概念基于 SiC 纤维增强的 $SiC-Si_3N_4$-硅化物复合材料,其成分与纤维的热膨胀系数(CTE)相匹配。基质成分将任何进入的氧气转化为低黏度的氧化物或硅酸盐,以便它们可以通过毛细作用流入裂缝并密封它们。对于含有$(Cr、Mo)_3Si$硅化物的基体,预计熔体渗透后游离硅的含量会很低,这将可以在1482℃或以上的应用中使用这种复合材料。建议进一步研究各种硅化物,如镁、镍、钠、铂、钛和钨的硅化物[23]。

7.2.4 再入飞行器的自修复

将 SiC、ZrB_2 和 Y_2O_3 等陶瓷粉末与烯丙基氢化物-聚碳硅烷树脂结合,混合形成黏合剂浆料。然后将该材料应用于受损区域。这种黏合剂能够在太空中修复再入飞行器的损伤部件。这是一种新颖的方法,因为它能够应用于真空和微重力环境。这种材料可应用于太空,修复需要在重新进入地球大气层时进行热/氧化保护的损伤。在重返大气层期间,该材料被转化为陶瓷涂层,为修复区域提供热稳定性和氧化稳定性,从而使飞行器能够安全地从太空进入高层大气。从重返飞行任务(任务 STS-114)到最后一次飞行任务(任务 STS-135),这种被称为非氧化物试验黏合剂(NOAX™)的黏合剂系统在所有航天飞机任务中均展现出优势[美国星火系统(Starfire Systems)公司于2004年与美国航空航天局的阿连特科技系统(Alliant Techsystems,ATK)公司签订合同,提供聚合物基的 NOAX™ 材料,该材料将在此后的所有航天飞行中执行任务。译者注]。这种黏合剂也用作飞行器的前缘和前盖的裂纹修复材料[24-25]。

7.2.5 自修复泡沫

可以在结构的刚性层之间加入自修复泡沫系统,以修复由穿刺造成的损伤。充气结构的穿孔对所有载人航天任务都存在风险。内泡沫系统包括聚氨酯泡沫的两种主要成分:多元醇和异氰酸酯的单独封装层。这些组分包含自修复所需的所有必要催化剂、表面活性剂和发泡剂。这两种材料层次式彼此相邻进行装配。如果发生穿刺,两层都会破裂并使这两个组件接触。形成的泡沫将迅速密封穿孔。有许多衍生产品采用这种方法,如用于飞行器和飞机上的油箱自修复[26]。

7.2.6 在自修复结构中集成传感功能

美国航空航天局、波音公司和桑迪亚国家实验室的一个联合团队研究了充气结构中低裂纹形成的传感和自我修复(图7.4)。他们使用带有埋植入微胶囊的自修复聚二甲基硅氧烷(PDMS)弹性体基材。单独的微胶囊包含乙烯基封端的PDMS树脂和甲基氢硅氧烷共聚物。通过Pt的催化,这两种材料发生反应。Pt催化剂络合物与乙烯基封端的树脂均置于溶液中,并被封装在一起。选择PDMS作为第一种测试材料,是因为这种材料具有高断裂应变性能(约200%)、室温固化,并且具有种类繁多的促进黏合的偶联剂可供选择。市售的双组分的PDMS系统充当基体,这两种组分分别作为树脂和引发剂材料,以完成自修复过程[27-29]。

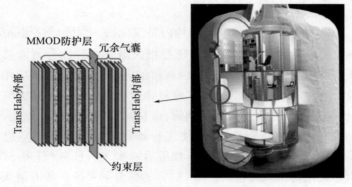

图7.4 Trans Hab 充气结构的横截面示意图
(突出显示了微小陨石和轨道碎片(MMOD)防护层、约束层和冗余气囊。本图经许可转自文献[27])

7.2.7 自修复涂层

在制造过程中或受到磨损时,常常会在表面产生微刻痕或凹坑。这个问题可以通过在涂层中引入自修复功能来解决。一些新概念正在被开发,如导电聚合物、纳米颗粒和微胶囊以在缺陷部位释放抑制腐蚀的离子。腐蚀指示剂、缓蚀剂和自修复剂已被封装并分散到多种涂料体系中,以测试涂层的腐蚀监测、抑制和自修复性能[30-31]。

7.2.8 电绝缘材料的自修复

电线绝缘失效被认为是航天器故障的主要原因[32-33]。这种故障是造成以下几起灾难性事故的原因：

(1) Gemini 8 任务(1966 年)，电线短路几乎导致机组人员丧生。重返大气层的区域超出了美国跟踪站的监视范围。美国国防部出动了 9655 人、96 架飞机、16 艘舰船，才确保宇航员获救。

(2) 在 STS-93 任务(1999 年 7 月)发射后不久，由于 14 号 Kapton 绝缘线短路，独立发动机上的主用、备用主机控制器均掉线。

(3) 瑞士航空 111 号航班(1998 年 9 月)的失事则是由于电线短路，导致机上娱乐网络电弧放电而起火(瑞士航空 111 号航班空难于 1998 年 9 月 2 日凌晨发生于加拿大哈利法克斯机场附近海域。失事班机是一架隶属于瑞士航空，编号 HB-IWF 的 MD-11 三引擎广体客机，飞机在冲入大西洋后粉碎性解体。译者注)。

(4) TWA 800 航班(1996 年 7 月)的失事，是由于中央油箱区域的电线磨损造成[美国环球航空 800 号航班(TWA800)，于 1996 年 7 月 17 日从纽约肯尼迪国际机场起飞，预定抵达巴黎戴高乐机场。该航班起飞后不久便在纽约长岛上空附近爆炸。译者注]。

因此，有必要设计自我修复的方案，能够修复损坏的 Kapton、Teflon 或乙烯类电线绝缘层。自修复必须能够在受损区域产生柔性的防水密封。包含在绝缘层中的自修复剂以低温熔融的聚酰胺酸和聚酰亚胺为基材。电绝缘材料可以通过化学、机械或电刺激来修复[33]。

7.2.9　泡沫层包覆的导体

该技术是一种自修复电缆系统，包括导体和围绕导体的轴向或径向可压缩/可膨胀(C/E)泡沫层。C/E 泡沫层适用于 -65~260℃ 的温度范围，以及高真空和大气压之间的压力范围，可保持其可压缩性和可膨胀性。当破坏力在保护套中造成裂口时，泡沫层的相应部分会膨胀并覆盖该局部区域[34-35]。

7.2.10　其他自修复产品

在下面的内容中简要回顾了可用于特定组件和子系统的部分具有自修复功能的市售产品。

1. Photosil™ 功能梯度材料

Photosil™ 是一种表面改性产品，它改变聚合物的表面结构和化学性质，以保护聚合物材料。在某些情况下，改性表面结构还具有自修复能力。Photosil™ 已被用于保护卫星表面和空间站机械臂的某些元件，还用于保护加拿大臂(加拿大臂为加拿大 MD 机器人公司制造的一种用于国际空间站建造的一种装卸装置。译者注)系统的聚合物表面组件。此外,Photosil™还被用于处理国际空间站[36]上加拿大臂的专用灵巧机械手的聚合物表面组件。

2. 采用乙烯–甲基丙烯酸共聚物进行自修复

Nucrel®是乙烯–甲基丙烯酸(EMAA)的共聚物。React – A – Seal 和 Surlyn®是基于 EMAA 离聚物的材料,三者均由杜邦公司生产。离聚物是沿聚合物主链含有相对低浓度的离子基团的聚合物。在存在带相反电荷离子的情况下,这些离子基团形成聚集体,从而使聚合物具有新的物理特性(图 7.5)。这些离聚物可能适用于由小空间碎片和陨石引起的多层绝缘体(MLI)穿孔的自修复。Surlyn®聚乙烯链散布着甲基丙烯酸,其上有离子。离子之间的吸引力在材料内形成交联,这是一种赋予材料特定属性的特征[37]。最近,对带有超高速弹丸的商用 Surlyn®进行了初步测试,显示了弹丸穿刺这种材料时可完全修复[38]。

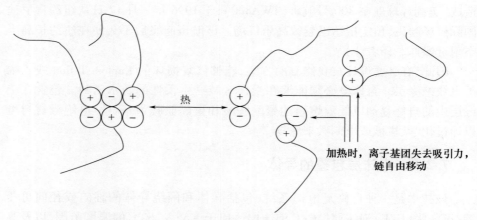

图 7.5 用以说明以热为能源的、离子聚集体的有序性以及无序性的示意图

3. 形状记忆合金带材的自修复

自感应自修复接头的目标是减少由于自松动而导致故障的可能性,并降低关键螺栓接头的维护成本。该概念将基于压电的健康监测技术与形状记忆合金(SMA)致动器相结合,以恢复松动螺栓的张力[39]。自修复螺栓连接的主要问题之一是 SMA 致动器的触发。形状记忆垫圈相对较大的质量及其低电阻,使电阻加热特别困难。开发了模型来评估电阻加热的可行性,并评估了有效驱动要求的功率。建模和试验测试已经表明,外部加热器可用于驱动具有传统电源的 SMA 致动器。制造 SMA 垫圈为电阻加热提供了一种方便的替代方案,并有助于自感应、自修复接头概念的现实实施。国际空间站上已经使用 SMA,以修复接头/螺栓。

4. 多功能共聚物

所有生物都利用高度复杂和专门的大分子(如脱氧核糖核酸、蛋白质、肽和糖)来执行各种生物任务。尽管这些大分子中的大多数在一级和二级水平上都具有复杂的化学组成,但通常是它们的三级结构或超分子组织,导致材料具有不寻常的化学和力学性能(如蜘蛛丝和胶原蛋白中发现的特殊性能)[39]。在一级和二级分子水平上,人们可以获得无定形、结晶或半结晶的线性、支化或接枝聚合物。大多数聚合物是合成的,具有特定的功能,可用作黏合剂、薄膜或纤维等。

一种称为"活性阴离子聚合"的特殊技术为有机聚合物化学家提供了超越这些限制的工具。现在可以将具有不同化学和物理特性的聚合物结合在一个聚合物主链中。与自然界一样,聚合物的合成方式可以通过分子控制,以获得期待性能的材料。

5. 利用电磁功能的自修复

电磁有效介质通常使用用作天线的导电元件(如金属线)阵列。已经发现,将这些导电元件与纤维增强聚合物和/或陶瓷基复合材料结合,可提供许多优势,包括自修复复合材料的多功能性和热传递能力。

除了所需的结构特性外,这些电磁介质还可以提供对电磁辐射的可控响应,如射频(RF)信号、雷达和/或红外(IR)辐射(图7.6)。

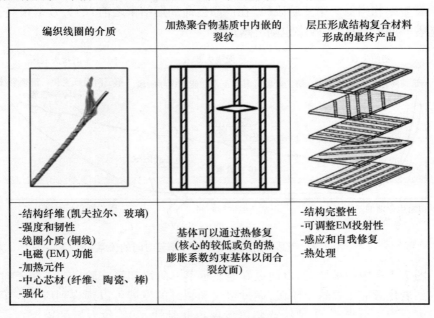

图7.6 嵌入导电线的自修复工艺

加热可以使断裂的键重新形成,从而修复受损的界面。由于修复机制不是自动激活的,它可能不被认为是一种自主修复的材料。但其构成了一种自修复功能,特别是当修复剂(热源)以导电金属线的形式集成到材料中时[40]。

7.3 太空中的材料老化和降解

空间任务的一个主要挑战是,由于自然老化、极端条件以及太空环境所特有的外部影响,材料会随着时间的推移而退化和失效。当材料在暴露于AO、真空紫外线辐射(VUV)、温度波动、真空脱气和空间碎片中时,材料首先会遭受降解和侵蚀。本节简要回顾机械老化和主要降解机制。

7.3.1 机械老化

随着材料和设备的老化,力学性能自然会发生退化。失效率通常随时间而变化。例如,结构中裂纹的发展,遵循一个众所周知的浴缸形状图(图7.7),其曲线由三部分组成:第一阶段是制造后的故障率,被称为初始故障率。第一阶段也被称为"婴儿死亡率",因为它类似于在人类和动物中观察到的婴儿的高死亡率。第一阶段表明,如果制造单元中存在任何隐藏缺陷,这些缺陷将导致过早失效。第二阶段由几乎稳定的故障演变组成,在寿命期的大部分时间内,失效的发生率相当低。第三阶段(就在产品生命周期结束之前)的失效率很高,并且随着时间的推移,失效率也随之增加。

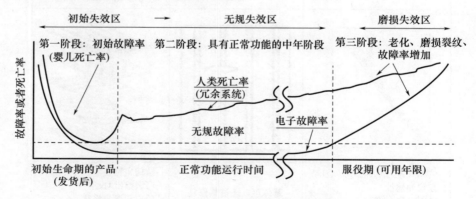

图7.7 产品制造后的常见故障率与时间的关系

图7.7在中间被切开,以便更好地显示第一阶段和第三阶段。在第三阶段观察到老化效应。在这个阶段,通过裂纹和裂缝的发展可以观察到应力。第三阶段可分为3个步骤:①裂纹或裂缝发展得非常快;②裂纹发展的速度在一段

时间内保持不变,其后裂缝变得非常大;③大裂缝导致完全失效。

人类死亡率以某种方式遵循不同的形状,曲线的最小值仅停留在相对较短的时期(U 形,从 5 岁到 20 岁)。随着时间的推移,死亡率继续缓慢上升,直至生命的尽头。直到观察到带有冗余处理器的计算机出现故障时,这条曲线才被很好地理解。计算机的寿命表现出与人类寿命相似的特征。这使人们认识到,人类死亡率曲线受到人体器官冗余度的影响,如肺、肾、心脏等。

空间系统包括重要组件的冗余或可能在预期寿命结束之前发生故障组件的冗余。根据 Gavrilov 和 Gavrilova[41]的观点,作为老化函数的空间系统故障率遵循类似于人类死亡率的曲线形状。然而,这两个寿命特征没有进一步被研究。

为确保航天器的长期正常运行,材料和部件的筛选大大降低了这些材料和部件的婴儿死亡率。这种筛选可与半导体制造中常见的"老化"相媲美,筛选过程已经对组件进行一段时间的测试,以确保它们在婴儿死亡阶段的存活率。空间应用的筛选包括测试选定的材料和组件样品。如果由于单元中的隐藏缺陷而存在失效的风险,它将在筛选老化测试期间显示出来。

表 7.4 总结了空间中的主要退化机制及其对设备和结构的影响。

表 7.4 空间中的主要退化机制及其对设备和结构的影响

退化机制	影响
微陨石和碎片	针孔和穿孔
温度范围为 -150~150℃	热老化产生的变形和裂纹
高真空效应	聚合物脱气
结构老化	结构部件在载荷和应力下的变形-裂缝出现
原子氧	侵蚀和氧化
辐射:质子、伽马和电子	侵蚀、氧化、机械降解和化学变化
发射过程中的冲击和振动	机械应力和裂纹的发展

需要自修复以提高结构的使用寿命,并修复由陨石造成的穿孔和分层。LEO 和国际空间站的典型轨道在 400~800km 之间。地球同步轨道(GEO)的条件相似,但辐射通量更高。表 7.5 显示了一个典型太阳年 LEO 的空间环境示例。如果发生太阳耀斑,那么包括紫外、可见光和红外辐射在内的辐射水平可能会高出两个数量级。在 GEO 上,两个主要区别是 AO 的消失和更大范围的温度变化。

表 7.5 典型太阳年 LEO 的空间环境条件

参数	LEO	影响
真空	10^{-3}Pa	脱气会导致挥发物逸出

续表

参数	LEO	影响
温度循环和波动	−150~150℃:LEO外部； −200~200℃:GEO外部； −40~80℃:航天器内部	材料上的热应力(朝阳面产生的热能)可用于辅助修复过程
X射线	-10^{-3} W/cm², CuKa:60keV	侵蚀和热应力，低能量也可能有用
VUV辐射	0.75μW/cm², λ为100~150nm； 11μW/cm², λ为200~300nm	降解某些聚合物，有利于修复/固化某些材料的侵蚀/氧化，可用于增强聚合
质子和离子	15krad/年, $1.1×10^{10}$个质子/(cm²/年)	轻微腐蚀影响，静电放电(ESD)会导致局部损坏和烧孔
基于电子	$1.5×10^{13}$个电子/(cm²/年)	侵蚀聚合物，使用SiO_x、VO_2涂层等进行保护
原子氧(对LEO)	总影响:$9×10^{17}$个粒子/cm²； 通量$10^{12}~10^{14}$个原子/(cm²/min)	

表 7.6 说明了 NASA 对空间环境现象、其计划相关问题、用于评估其影响的模型和数据库，以及其对材料及其光学特性影响的总结[42]。

表 7.6 空间环境现象及其相关影响项及其对材料及其光学特性的影响总结

空间影响	定义	影响项	材料及其光学特性
中性热层 (高层大气区域)	大气密度、密度变化、大气成分、AO和风	制导、导航和控制(GN&C)、系统设计、材料降解/表面侵蚀(AO的影响)、阻力/衰减、航天器(S/C)寿命、避免碰撞、传感器指向、实验设计、轨道位置误差和跟踪丢失	材料选择、材料退化、S/C辉光和对传感器的干扰
热环境	太阳辐射(反照率和出射长波辐射(OLR)变化)、辐射传输和大气透射率	被动和主动热控制系统设计、散热器尺寸/材料选择、功率分配和太阳能电池阵列设计	材料选择及其对光学设计的影响
等离子体	电离层等离子体、极光等离子体和磁层等离子体	电磁干扰(EMI)、S/C电源系统设计、材料确定、S/C加热和S/C充电/电弧放电	电弧、溅射、污染对表面特性的影响以及表面光学特性的变化或退化

续表

空间影响	定义	影响项	材料及其光学特性
陨石和轨道碎片	陨石和轨道碎片(M/OD)通量、尺寸分布、质量分布、速度分布和方向性	防撞、工作人员生存能力、二次喷射效应、结构设计/屏蔽和材料/太阳能电池板劣化	表面光学性能退化
太阳影响的环境	太阳物理学和动力学、太阳活动预测、太阳/地磁指数、太阳常数和太阳光谱	太阳预测、寿命/阻力评估、再入大气层的载荷/加热、其他模型和应急操作的输入	材料选择所需的太阳紫外线照射和光学设计所需的数据
电离辐射	囚禁质子/电子辐射、银河宇宙射线和太阳粒子事件	辐射水平、电子/部件剂量、电子/单事件扰动、材料剂量水平和人体剂量水平	窗口和光纤变暗
磁场	天然磁场	大型结构中的感应电流,定位南大西洋异常(靠近地球的辐射通量增加的区域)和辐射带的位置	
重力场	天然重力场	轨道力学/跟踪	
中间层(距离地球50~80km)	大气密度、密度变化和风	再入大气层、材料选择和系绳实验设计	大气相互作用导致材料退化

损坏要么发生得非常快,如陨石造成的穿刺,要么非常缓慢,如老化导致的裂缝。根据其受到空间破坏的程度,空间结构可分为3类:

(1)外层航天器结构:这些结构暴露在具有高温波动的外层空间环境中,如-150~150℃。失效是由热应力和机械应力引起的。这些结构具有保护涂层,受AO影响较小。

(2)内部结构:它们的温度变化小得多(-40~70℃),它们不会受到空间碎片和AO的影响。它们会遭受老化以及产生裂缝。

(3)航天器外表面:它们由于暴露于AO而受到侵蚀。损坏的形式是由碎片和小陨石造成的针孔和穿孔。太阳能电池、MLI毯子和遮阳板就是这种表面的例子。

7.3.2 陨石和小碎片

地球轨道上发生的空间活动和破碎造成了大量人造空间碎片。它们与自然物体(陨石)一起构成了地球颗粒环境。截至2013年12月,美国航空航天局统计了地球轨道上大约 17000 个物体，这些物体由美国航天司令部跟踪和登记。由欧空局(ESA)MASTER 模型建模的小型未编目物体，由超过 400000 个大于 1cm 的物体、约 1.8×10^8 个大于 1mm 的物体和超过 1.2×10^{11} 个大于 0.1mm 的物体组成。在较小尺寸的类别中，已知固体火箭发动机点火产生的油漆薄片和残留物会造成碎片。目前，大多数 LEO 区域，环境中的人造碎片被认为超过了陨石的贡献，直径约 0.1mm 的碎片例外。

陨石和小碎片是涂层和外表面退化的主要原因之一，主要是包裹设备以保护它们免受热波动或 AO 影响的 MLI。它们是国际空间站外表面的主要问题之一。图 7.8 显示了 LEO(400km)中小陨石的平均数量。国际空间站和哈勃太空望远镜是空间结构的两个例子，在它们的 MLI 中观察到大量由陨石引起的裂缝。在 1993 年 12 月发射的第一次哈勃服役任务(SM1)中，就观察到了一些明显的损坏，但仅在背向太阳一侧。然而，在 1997 年 2 月的第二次服役任务(SM2)中，观察到了更多的影响：

(1)超过 100 个明显裂缝；
(2)向阳侧和背阳侧均出现严重开裂；
(3)出现了一些裂缝卷曲。

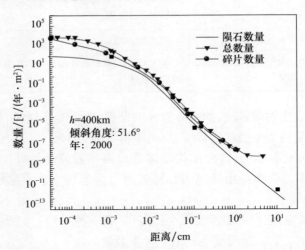

图 7.8　LEO 和国际空间站中的陨石和小碎片数量(经许可转载自文献[43])

人类设备送入太空的空间碎片主要存在于 2000km 以下的 LEO 和 GEO 高度附近。陨石是一种自然现象，空间随处可见：

(1)陨石和碎片的撞击效果相似；
(2)LEO 中空间碎片的平均撞击速度为 10km/s，陨石速度为 20km/s：
① 轨道碎片速度为 2~15km/s；

② 天然微陨石速度为 2~72km/s;

(3) 陨石的平均物质密度低于空间碎片;

(4) 在 LEO,陨石大小介于 5μm~0.5mm;

(5) 较大尺寸的空间碎片占主导地位。

微陨石是来自绕太阳运行的小行星或彗星的小颗粒,它们在穿过地球大气层时幸存下来,并撞击地球或卫星表面[43]。

超高速撞击事件可能会改变撞击物的原始化学成分,挥发物从难熔元素中逸出。因此,微陨石残留物不一定保留其母体矿物的化学计量特征;在这种情况下,分析结果与标准矿物的结果并不一致。尽管存在这些困难,但含有以下元素残留物的能量色散(EDS)光谱和 X 射线元素图可用作微陨石起源的指示物[43]:

① Mg + Si + Fe(镁铁质硅酸盐,如橄榄石或斜方辉石);

② Mg、Ca、Na、Fe、Al、Ti + Si(单斜辉石);

③ Fe + S(硫化铁);

④ Fe + Ni(微量或微量) + S(Fe – Ni 硫化物);

⑤ 陨石水平的 Fe + Ni 聚集物(金属);

⑥ Si + C(碳化硅);

⑦ Fe、Mg、Al + Si(层状硅酸盐,如蛇纹石);

⑧ Ca、C、O(方解石);

⑨ Cl、Cr、K 和 P 也在陨石样品中被单独鉴定,因此在某些情况下可能表明微陨石的来源。

由于任何原始微陨石(多矿物成分)的复杂性,单个撞击物可能是前面列表中的许多组合中的任何一种。

空间碎片材料的残余物可以通过使用 EDS 光谱和包含以下元素的 X 射线元素图,根据其残留物的化学性质来进行鉴定[43]:

① 主要是 Ti + 可能的微量 C、N、O、Zn(油漆碎片);

② 主要是 Fe + 可变 Cr、Mn + 可能痕量的 Ni(特殊钢);

③ 主要是 Al + 微量 Cl、O、C(火箭推进剂);

④ 主要是 Sn + Cu(计算机或电子元件);

⑤ Mg、Si、Ce、Ca、K、Al、Zn(玻璃冲击物,可能来自其他太阳能电池)。

太阳能电池中 Ti/Al 层的存在使人为影响的识别变得复杂,因为 Ti 传统上被用作油漆碎片影响的指示物。在哈勃太空望远镜中,含有 Ti、Al 和 Ag 的太阳能电池被归类为人造碎片颗粒,如油漆碎片。因此,Ti 可能是油漆碎片的良好指示物。当其与 Al 和 Ag 一起被发现时,它更有可能代表来自主体太阳能电池的熔融物。

将撞击残留物归类为空间碎片,还是来源于微陨石是极其复杂的,通常不可能给出完全明确的答案。例如,虽然由 Al 和 O 组成的残留物很可能是固体火箭发动机碎片(Al_2O_3)的残余物,但它也可能是已在原始陨石中发现的刚玉(Al_2O_3),尽管这种情况极为罕见。

除了对源自微陨石或空间碎片的残余材料规定的分类标准外,航天器和卫星表面也很可能受到污染。实验室处理、地面暴露或空间环境本身会产生几种不同的可能污染源,其中污染物以低速有效冲击,因此只是松散地结合在一起。

超高速撞击在材料中产生冲击波,并导致非常高的压力(大于100GPa)和高于9727℃的温度。例如,在欧空局《空间碎片减缓手册》[44]中提供了更多信息:

① 冲击过程仅持续几微秒;
② 撞击物和目标材料破碎,通常发生熔融和/或气化,这取决于撞击速度和材料;
③ 大部分冲击能量最终被喷射物(即喷射出的物质)吸收;
④ 喷射物可以比撞击物的质量大得多;
⑤ 一小部分(小于1%)喷射材料被电离。后一种现象是撞击物速度的函数。

另外,碰撞损伤取决于粒子的动能(速度)、航天器的设计(缓冲物、外部暴露点)、碰撞几何(尤其是碰撞角度)。

影响范围约为:
① 速度为10km/s的1cm(中)碎片,这可能会对航天器造成致命损坏;
② 1mm 及以下的碎片:腐蚀热表面、损坏光学器件,并刺穿燃油管路。

临近空间环境实际上受到了近期人类太空历史的重要痕迹的严重污染。所有离开地球的航天器都与空间碰撞风险的增长难究其责。空间碎片由各种各样的部件组成,从最小的(小于1mm)到整个飞行器(丢失的航天器高达数吨)。

图7.9 显示了碰撞碎片轨道平面的扩散[45]。表7.7 总结了空间碎片和微陨石的尺寸分布。

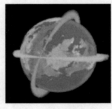 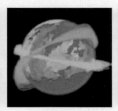 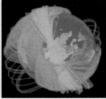 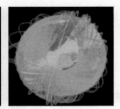

7天后　　　　30天后　　　　6个月后　　　　1年后

图7.9　碰撞碎片轨道平面的扩散(经许可转载自文献[45])

表7.7 近地轨道空间碎片和微陨石尺寸分布汇总

种类(或来源)	尺寸	轨道中的碎片数量	碰撞概率(或影响)
大:碎片(卫星、火箭弹体和碎片材料)	>10cm	$(1\sim5)\times10^4$(低) (2001年为17800个)	1/1000(碰撞导致完全解体和能力丧失)
中:破片碎片、爆炸碎片和泄漏的冷却剂	1mm~10cm	$(1\sim5)\times10^6$(中) (2001年为0.5×10^6个)	1/100(碰撞可能导致重大损坏和可能失效)
小:氧化铝颗粒、油漆碎片、排气产物、螺栓、瓶盖和陨石	<1mm	$>10^{10}$(高) (2001年为3×10^8个)	几乎1/1(碰撞应该造成微不足道的伤害)

由于超高速撞击(高达7km/s)引起的金属结构响应的大量讨论已经发表。几位作者已经研究了由低速冲击产生的复合材料板材的损伤[46-50]。对于金属,冲击会在冲击区域产生凹痕或局部塑性变形。复合材料板材的损坏主要是由于纤维和基体的断裂和分层造成[51]。

Schonberg[52]综述了复合结构系统在保护地球轨道航天器免受超高速撞击损坏方面的研究趋势。根据多个研究结果,微小陨石和轨道碎片撞击对航天器结构的影响和损害程度取决于许多独立和相互关联的因素。这些包括冲击物的尺寸、形状、密度、成分和相对速度、冲击能量、目标的材料和结构特性、层压板的厚度、铺层顺序、冲击角度等。由于这种类型的载荷,复合结构失效的主要机制包括纤维断裂和原纤化、纤维/基体脱黏、分层、基体变形、散裂和冲击坑[53]。在大多数研究中,损伤程度的特征是由超高速撞击产生的冲击口的尺寸、穿透深度、损伤总面积、前后表面剥落、二次喷射物羽流等[51,54-56]。Yew和Kendrick[51]观察到在超高速冲击下,石墨纤维复合板中的层压板和基体材料发生多次破裂和分层。他们将板中的穿孔和损伤传播过程(如后表面的剪切堵塞和喷射)与冲击产生的冲击波运动相关联。几项研究发现,被撞击后样本的分析方法可分为3类:

(1)冲击后的无损检测,包括通过数码照片、超声波扫描和X射线断层扫描,观察受损样品[57];

(2)冲击后的破坏性试验,如拉伸试验、显微镜下的截面观察[51],需要进行仔细的表面处理和对冲击后试样进行大量的处理;

(3)材料响应的现场观察。Chambers及其同事[58]使用嵌入CFRP层压板内的光纤传感器来监测样品在低(1.3m/s)和高(225m/s)速度撞击过程中的残余应变响应。

7.3.3 原子氧效应

LEO的原子氧(AO)环境使航天器面临着独特的耐用性相关问题。这种环境的能量和通量以及高度的化学活性,可以氧化大多数通常用于航天器制造的材料。根据材料的成分和功能,氧化的结果会导致部件结构失效、热控制丧失或污染。

AO 是在 LEO 环境中由双原子组成的氧气的光解形成的。在平均自由程足够长(100m)的环境中,短波长(<243nm)太阳辐射具有足够的能量来打破 5.12eV O_2 双原子键,因此重新结合或形成 O_3 的概率很小[59]。AO 与航天器材料的反应一直是 LEO 航天器设计者面临的一个重大问题。航天器以足够大的能量(约 7km/s)撞击位于 LEO 中的 AO,引发化学反应。

AO 可以破坏碳氢聚合物键,并且可以与碳和许多金属反应,与暴露在表面的原子形成氧键。对于大多数聚合物来说,可能会发生夺氢反应、氧加成反应或氧插入反应。随着持续暴露于 AO,所有氧相互作用途径最终导致生成挥发性氧化产物,并伴随着烃类材料的逐渐侵蚀。暴露于 AO 的聚合物表面的氧含量也会增加,由于挥发性氧化产物的损失,导致聚合物氧化和变薄。AO 还可以氧化硅酮,硅酮的污染会产生非挥发性二氧化硅沉积物。此类污染物存在于大多数 LEO 任务中,并且可能对光学表面的性能构成威胁。

一些聚合物材料(如 Kapton)被提议用于太空中的许多充气结构,但是它们会被 AO 严重侵蚀,需要对其进行硬化处理。

大多数降低 AO 效应的方法是基于在聚合物中沉积一层薄的保护膜或植入氧化物分子。对 Si、SiO_x、SiN 和 SiON 的脉冲气相沉积(PVD)涂层进行的各种测试表明,这些涂层为聚合物基体提供了良好的保护[60]。使用激光烧蚀、等离子体和电子回旋共振(ECR)-PVD 技术[60]证明了其他的沉积方法也表现良好。尽管沉积是成功的,但仍然存在一些严重的限制。所提到的涂层的热膨胀系数(CTE)与聚合物的不同,这会导致在热循环过程中,或如果 AO 渗透到基材中时会产生裂纹。通过与聚合物和 SiO_x 具有良好黏附性的界面处理,一些研究团队成功地解决了这个问题[60]。

另一种方案是使用硅氧烷复合材料,通过 AO 相互作用将其转化为 SiO_2[61-63]。这样处理后的表面在真空中是稳定的,并且可以防止发生进一步氧化。因此,硅氧烷可以首先用作涂料,也可以用作聚合物基质中的添加剂。制造这种保护涂层的另一种方法是构建一种保护性涂层。例如,基于对添加 PDMS 助剂[低浓度,通常在 0.1%~2.0%(质量分数)范围内]的聚合物进行紫外线/臭氧处理,发现这种处理可以成功地制备氧化层[30],能有效地保护底层材料免于进一步降解[59]。

另一种有效的方法是通过共聚将多面体低聚倍半硅氧烷(POSS)结合到聚酰亚胺(Kapton)基体中,从而在纳米水平上将 Si 和 O 分散在聚合物基体中。

当 POSS 聚酰亚胺暴露于 AO 时,有机材料降解并形成二氧化硅钝化层[61-62]。一些具有不同百分比的 Si_8O_{11} 和 Si_8O_{12} 的 POSS 样品已成功用于在两次太空任务中,暴露于 AO 和 UV:材料国际空间站试验(MISSE)、MISSE-5(2005—2006年)和 MISSE-6(2008—2009 年)。

诸如光硅化工艺(由加拿大完整性测试实验室公司开发的一种技术,在紫外辐照情况下,对聚酰亚胺表面进行刻蚀,然后向其中渗透有机硅小分子,再通过一定方式使之固化,使涂层与聚酰亚胺基体结合在一起,形成紧密结合。译者注)[63]或离子注入氧化(加拿大完整性测试实验室公司开发的一种技术:先在聚合物和碳基材料上注入 Si、Al 或 B 等元素,然后进行氧化使其转变为稳定的具有保护性能的氧化物基或玻璃状的表面结构。译者注)工艺[64]等替代技术也可用于保护航天器表面。然而,这种处理必须在地面上进行,成本很高,并且材料的太阳能吸收率可能会显著改变。

综上所述,减少 AO 影响的建议方法如下:

(1) 用 SiO_2 或 (Si_nO_m) 涂层包覆表面。由于界面张力,当直接应用于塑料时,SiO_2 不会表现出良好、可靠的附着力。已经投入大量精力开发特殊界面,以促进高质量 SiO_2 与各种聚合物和树脂(包括 Kapton、聚碳酸酯、Teflon 甚至玻璃纤维)在集成薄膜结构中的黏合;

(2) 使用硅氧烷复合材料,通过 AO 作用转化为 SiO_2。硅氧烷比 SiO_2 更容易黏附在某些表面上;

(3) 选择合适的沉积方法(等离子体和激光烧蚀);

(4) 表面纹理化或加工,以修饰 Kapton 和 Teflon 的表面特性,以更好地黏附 SiO_2;

(5) 对聚合物进行应力处理,提高其耐受性;

(6) 添加少量 Si_nO_m 于聚合物;

(7) 联合应用 SiO_x 添加和沉积等技术[62,65]。

图 7.10~图 7.12 和表 7.8 说明了 AO 对 Teflon 和 Kapton 的原始影响,以及在特殊界面上添加 SiO_2 以确保 SiO_2 对 Teflon 和 Kapton 的黏附后效果的降低。

一旦形成氧化层,氧化层作为保护层可防止进一步的 AO 攻击[63]。一个例外是容易氧化的银。在太阳能电池中用作连接材料的银箔通过镀金进行保护。

尚无关于玻璃和陶瓷降解的报告,它们属于氧饱和的氧化物。

图 7.13 给出了空间中使用的各种材料的侵蚀量示例,这些材料源于不同的资料来源。

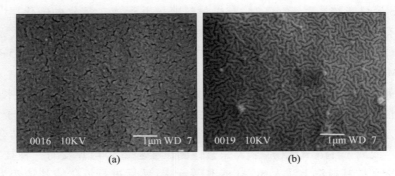

图 7.10 形态的 SEM 显微照片(经许可转自文献[60])
(a)5 毫英寸(1 毫英寸为 0.0254mm)厚的裸露的 A 型 Teflon FEP(FEP 为氟化乙烯丙烯);
(b)1500Å 的 SiO_2/(界面)/Teflon FEP。以上的材料通过电子回旋共振化学气相沉积
(ECR-CVD)在 450W 下沉积。扫描电子显微镜(SEM)和 CVD,化学气相沉积。

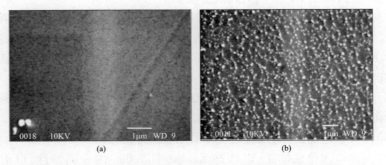

图 7.11 两种 AO 处理后的 SEM 显微照片(经许可转自文献[60])
(a)2000Å 的 SiO_2/专用接口/Kapton 薄膜在暴露于 VUV-AO 源后通过
ECR-CVD 在 350W 下"沉积"到 Kapton 上;(b)在经过类似的 AO 曝光后的裸露的 Kapton。

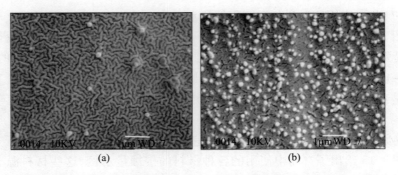

图 7.12 另外两种 AO 处理后的 SEM 显微照片(经许可转自文献[60])
(a)暴露于 VUV-AO 源后通过 ECR-CVD 以 450W 沉积在 5 毫英寸的
Teflon FEP 上的 1500Å 厚 SiO_2/专用接口;(b)类似暴露于 AO 源后的裸露 Teflon FEP。

第7章 空间环境的自修复

表7.8　VUV-AO试验汇总表

样品	侵蚀深度/μm
一片Kapton	10.8
SiO_2/Kapton	<0.01
裸露的铝膜处理后Teflon	24~25
添加SiO_2铝膜处理后Teflon	<0.01
裸露的5毫英寸厚的TeflonFEP	15
SiO_2/Teflon FEP	<0.01

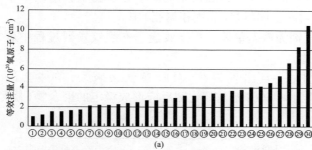

注：① 环氧树脂T300/934([0,±45,0,±45,90,0]s)；② 碳；③ 环氧树脂T300/934[0]16；
④ Kevlar 92；⑤ Upilex-S；⑥ 环氧树脂；⑦ Halar；⑧ 聚酰亚胺CPI；
⑨ Kapton XC；⑩ 聚醚醚酮(PEEK)；⑪ 聚砜；⑫ 环氧树脂T300/934 [±45$_s$]；
⑬ 聚酰亚胺PMR-15；⑭ Kapton CB；⑮ Kapton E；⑯ Kapton H；⑰ Tedlar；
⑱ Mylar A；⑲ 聚对苯二甲酸乙二醇酯(PET)；⑳ 聚醚酰亚胺(PEI)；
㉑ Mylar A；㉒ 聚氧乙烯；㉓ 多面体聚倍半硅氧烷(POSS)聚酰亚胺；
㉔ 聚乙烯；㉕ Teflon FEP (5毫英寸)；㉖ 聚苯并咪唑(PBI)；
㉗ 聚甲基丙烯酸甲酯(PMMA)；㉘ Teflon FEP (铝化)；
㉙ 烯丙基二甘醇碳酸酯(ADC)；㉚ 银。

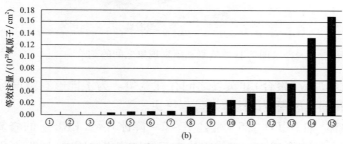

注：① 金；② 铝；③ 钨；④ 钛；⑤ 钼；⑥ 钽；⑦ 铜；⑧ 铌；
⑨ POSS聚酰亚胺-SC [+8.8%(质量分数) Si_8O_{12}]；⑩ 锇；
⑪ Teflon-FEP ⑫ POSS聚酰亚胺-MC [+8.8%(质量分数) Si_8O_{11}]；
⑬ 硅；⑭ Teflon PTFE；⑮ Teflon FEP。

图7.13　来自不同参考文献的、不同材料对Kapton的、归一化的侵蚀量
(a)中、高侵蚀量的材料；(b)低侵蚀量的材料(侵蚀低)。
PTFE—聚四氟乙烯；MC—主链；SC—侧链。

7.3.4 真空效应

空间真空环境增加了更多挑战。与自修复系统及在真空中可能脱气的部件有关的具体反应如下:

(1)树脂结构:树脂呈固态,放气量低,但在高温下树脂开始熔化,脱气增加,并能限制反应。

(2)用于自修复反应的 Grubbs 催化剂为固体纳米粉末形式,基于贵金属(钌),因此发生脱气的可能性非常低。

(3)微胶囊的外壳由脲醛树脂制成。它可能会在空间真空中脱气,除非它被埋植入密封的主体材料(如固相树脂)中。

(4)修复剂为液态单体。当微胶囊壳在裂纹发展过程中破裂时,它可能会快速释放气体。

在太空中,一旦出现裂纹,微胶囊就会破裂,单体会流过破裂的外壳(图7.14),同时单体开始与催化剂反应形成稳定的聚合物(修复),部分单体开始蒸发。

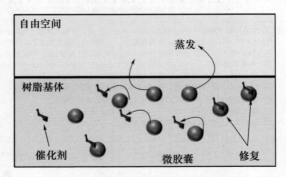

图 7.14 修复和蒸发现象之间的竞争

修复化学反应(聚合)和蒸发之间存在竞争。为了能够在空间环境中发生修复,聚合和固化过程应该比蒸发过程更快。

使用单体[如 DCPD 或 5-亚乙基-2-降冰片烯(ENB)]的修复反应是类似于树脂固化的聚合反应。当使充气空间结构变得坚固时,树脂固化就特别重要[66-67]。聚合需要引发反应,可以由温度或辐射引起。对于自修复,启动是由催化剂触发的。聚合和树脂固化之间的相似性可用于预测空间中的修复反应。

主要充气结构中的聚合物材料。在发射和太空运输过程中,这些结构可以折叠到轨道或最终位置。然后将它们展开,并在固化固定结构的环氧树脂后,保持其最终形状。树脂固化可由太阳紫外线辐射触发和维持该过程。

在真空中,最简单形式的蒸发速率由 Langmuir 公式描述,即
$$W = A \cdot P \cdot (M/T)^{0.5} \tag{7.1}$$
式中:A 为常数;W 为蒸发速率[g/(cm²·s)];M 为蒸气的摩尔质量(g/mol);T 为温度(K);P 为克劳修斯-克拉佩龙方程中馏分的平衡蒸气压。

具有低蒸气压的材料,如金属,蒸发速率也低。在 19 世纪,海因里希·赫兹通过试验证明了蒸发速率和压力之间的线性关系。这种关系与气体动力学理论是一致的,在该理论中,撞击速率、蒸发与压力成正比。

蒸发速率与 $T^{0.5}$ 成反比。该因素源于经典气体动力学理论提供的分子能量(速度)分布[68],即
$$\partial N(v)/\partial N = C(M/T)^{0.5} v^2 \exp(-mv^2/2kT) \partial v \tag{7.2}$$
式中:N 为气体分子的数量;v 为分子气体速度(m/s);M 为蒸气的摩尔质量(g/mol);T 是温度(K);k 是玻尔兹曼常数;C 为常数。

树脂含有许多具有不同分子量、不同蒸气压和不同蒸发速率的馏分,这使应用 Langmuir 方程不切实际。尽管该方程适用于提供温度和压力对蒸发速率影响的一些定性信息,但聚合过程反应速度的更定量表达包括化学活化、聚合反应速度和聚合分散。最简单的形式可以表示为[66-67]
$$\frac{\partial \beta}{\partial t} = C_t(1-\beta)^n = Ae^{-E/kT}(1-\beta)^n \tag{7.3}$$
式中:β 为聚合度;$\partial \beta/\partial t$ 为反应速度(L/(mol·s));A 为常数;E 为化学活化能(kJ/mol);k 是玻尔兹曼常数;T 为温度(K)。

化学反应(单体与催化剂的自修复)和蒸发过程之间的竞争建模还可能涉及其他参数,如催化剂的浓度,有
$$\partial C_1/\partial t = -\text{div}(D_1 \text{grad} C_1) - R \tag{7.4}$$
$$\partial C_2/\partial t = -\text{div}(D_2 \text{grad} C_2) - R \tag{7.5}$$
$$\partial \beta/\partial t = R \tag{7.6}$$
$$R = k(1-\beta)(1+\alpha\beta)(1-\gamma\beta) \tag{7.7}$$
式中:指数 1 和 2 为指两种组分(如树脂和硬化剂或单体和催化剂);C_1 和 C_2 为浓度;D_1 和 D_2 为扩散速率(cm²/s);β 为聚合度;$R = \partial\beta/\partial t$ 为反应速度;α 为催化剂或自催化因子;γ 为自动减速因子(包括蒸发效应)。

空间等离子体(AO、VUV 和辐射)的影响可能是矛盾的,即有利于固化(如使用太阳紫外光进行聚合和固化)或损坏和降解使用的材料(如高能粒子使聚合物分子断裂)。空间辐射的这种矛盾效应使聚合物固化更难预测。

建议将 MM-374 树脂用于空间充气结构[66-67]。测量了在不同固化温度和不同真空压力下其质量的演变(图 7.15)。除非在更高的温度(160℃)下使

用;否则由于脱气造成的损耗很小(在 80℃ 和 120℃)。在服役期间,经常会发现一些聚合物的质量减少 1% ~5%[66]。

根据对 MM-374 树脂及其相关硬化剂材料进行红外吸收光谱分析获得的数据,对化学反应速率进行了估算和测量(图 7.16 和图 7.17)。

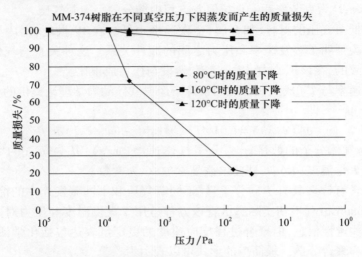

图 7.15　对于不同的温度和真空压力水平 1h 后 MM-374 树脂质量损失的试验结果(经许可转自文献[66])

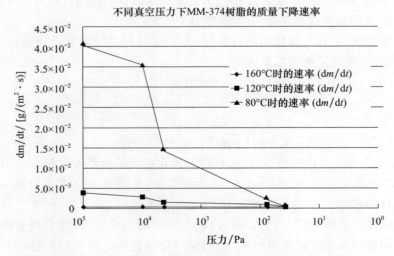

图 7.16　不同的温度下 1h 后 MM-374 树脂聚合速率变化的试验结果(经许可转自文献[66])

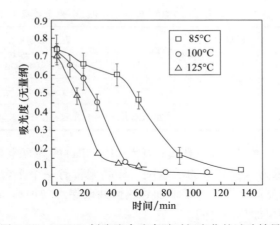

图 7.17　MM374 树脂聚合速率随时间变化的试验结果

(在 85℃、100℃ 和 125℃ 这 3 个不同温度下测量，根据 IR 的吸光度确定。本图经许可转自文献[66])

研究发现，与树脂和硬化剂相关的 IR 线随时间的变化遵循 S 形(图 7.17)。这些曲线的 S 形对应于二级聚合反应。但是，可以粗略估计与反应相关的数据数量，包括自动催化剂和减速参数。

蒸发效应确实可以包含在减速参数中。自催化剂和减速参数 α 和 γ 分别可以通过将建模数据与 S 形吸光度曲线上试验结果的拐点和渐近值进行比较来估计。即使这种方法已经被广泛使用，除了需要在高真空下进行红外研究外，它也不能提供准确的 α 和 γ 值，而只是一个近似值。

低温和高温下的自修复过程的建模更具挑战性，因为修复反应(聚合)和蒸发的竞争变得更加复杂：

① 在低温下，单体的蒸发很慢，但同时修复也很慢(需要几个小时)；

② 在高温下，单体的蒸发量很大，但同时修复也很快(只需几秒钟)。

ENB 单体在真空下部分蒸发(在游离微胶囊中约为 35%)，但在锥形双悬臂梁标准样品中低于 0.2%，其中单体可能仅从非常靠近树脂表面的微胶囊中泄漏(图 7.18 和表 7.9)。

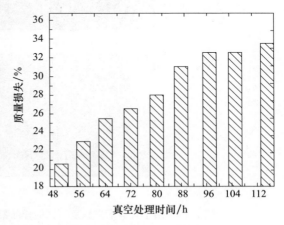

图 7.18　由于自由微胶囊在真空中脱气而导致的重量损失

表 7.9　在室温(23℃)、真空(100Pa)中的质量损失

试验条件	质量损失/%	真空处理时间
非埋置的自由微胶囊	约 35	5 天后基本稳定
小型装置(3g)	0.65	4 天后基本稳定
标准装置(33g)	0.2	20 天后基本稳定(主要是由于微胶囊与表面是隔开的)

自修复过程在类似于太空环境($10^{-1} \sim 10^{-2}$Pa)的高真空条件下进行了测试。图 7.19 所示为试验装置的示意图。样品架带有一个平台,允许在真空下加热和冷却自修复演示器。为了增加导热性并确保均匀加热,将自修复样品嵌入两块铝板和两块加热箔之间。

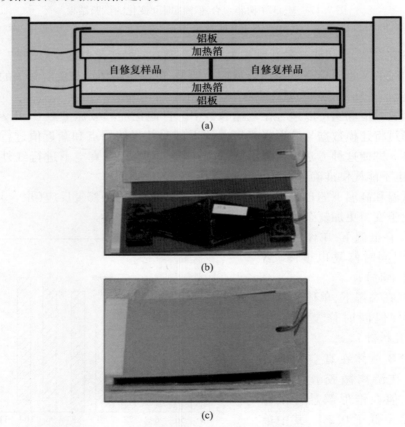

图 7.19　用于真空下自修复测试的样品架的示意图和试验照片
(a)测试示意图;(b)试验样品架照片;(c)试验装配照片。

结果表明,在 $-20 \sim 60$℃温度下,在真空下和空气中的所有测量,结果都具有稳定的修复效率(约75%)。

7.3.5 空间等离子体

除了 AO 外,空间等离子体还包括紫外线辐射和原子粒子(电子、质子、γ 辐射和高能核粒子)。等离子体可以通过破坏聚合物分子来恶化正在进行的化学过程。例如,质子的作用可能导致局部加热高达 9727℃,可以破坏分子中的化学键并释放碳和氢离子[66-67]。高能粒子也可能破坏微胶囊,并导致单体流动。

7.3.6 热冲击

由环境温度的突然和极端变化引起的热冲击可能对太空中使用的结构产生额外的破坏性影响。因此,有必要对所有结构或设备进行测试,以评估材料在发生失效之前可以承受的应力水平。热冲击测试已用于揭示 ENB 单体、催化剂和主体树脂结构之间的机械弱点、修复延迟或不相容性。施加的热冲击具有比标准热循环测试更严格的条件($-195 \sim 60$℃)。本试验使用液氮和加热板。常用的热冲击测试基于 MIL-STD-202 方法107[69]。通过将样品置于保持在固定高温的烘箱中使样品获得高温。

热冲击测试条件汇总于表 7.10 中。

表 7.10 热冲击试验条件汇总表

参数	MIL-STD-883[70]	试验
低温	-135℃	-195℃(液氮)
高温	150℃	60℃(树脂会在大于80℃的温度下熔化)
每个极端的驻留时间	10min	10min
低温和高温之间的时间	<1min	<1min
循环次数	10 次循环	20 次循环

使用以下任一方法进行热冲击:
① 双室、液氮(LN2),转移至水(液-液)系统;
② 双室,LN2/烤箱板(液体-空气)。

图 7.20 展示了用于热冲击测试的一种仪器。样品经受了 20 次热冲击循环。

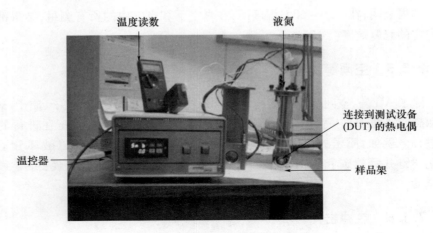

图 7.20 热冲击装置的照片

7.3.7 除气

除气是溶解、囚禁、冻结或吸附在材料中气体的释放[71]。除气可以包括升华和蒸发,它们是物质从固体到气体的相变。沸腾通常被认为是与除气不同的现象,因为它发生由液体到蒸气的相变。除气是创造和维持清洁的高真空环境的一项挑战。除气产物会凝结在光学元件、热辐射器或太阳能电池上,并改变它们的功能。美国航空航天局(NASA)和欧空局(ESA)有一份应用于太空的低释气材料的具体清单。通常不被认为具有吸收性的材料会释放出足够多的轻质分子,从而干扰工业或科学真空过程。水分、密封剂、润滑剂和黏合剂是最常见的来源,但即使是金属和玻璃也会从裂缝或杂质中释放出气体。由于蒸气压和化学反应速率增加,因此在较高温度下除气速率增加。对于大多数固体材料,制造和制备方法可以显著降低除气水平。使用前清洁表面、烘烤单个组件或整个组件可以祛除挥发物。在高真空的太空中,复合材料,如碳/环氧树脂系统,可以解吸水分,这会导致结构发生较大的尺寸变化。例如,水分对复合材料层压板的影响已在文献[72-74]中得到充分证明。作者注意到,由水分的解吸引起的尺寸变化受层压板设计和基体材料的影响很大。任何树脂、复合材料和/或基于自修复的复合材料的选择都必须考虑到这个参数。值得注意的是,水分脱附对复合材料稳定性的影响通常高于温度变化的影响。因此,与 CTE 差异的问题相比,自修复复合材料的除气效应问题已得到深入考虑。然而,结构复合材料中可能发生的除气效应的水平在某种程度上是一种随机现象,并且取决于许多因素,如在自修复复合材料的初始设计阶段没有主动考虑的环境参数[75]。ESA 已经使用质谱仪,为罗塞塔(Rosetta)航天器编制了一个除气效应的全面特征汇编[76]。

 **参考文献**

[1] ECSS – Q – 70 – 04, *Space Product Assurance Thermal Cycling Test for the Screening of Space Materials*, 1999.

[2] ECSS – Q – 70 – 02, *Space Product Assurance, Thermal Vacuum Outgassing Test for the Screening of Space Materials*, 2000.

[3] E. M. Silverman, *Space Environmental Effects on Spacecraft*: LEO Materials Selection Guide, NASA CP – 4661 Part 1, NASA, Washington, DC, 1995.

[4] *Self – Healing Materials*: *An Alternative Approach to 20 Centuries of Materials Science*, Ed., S. Van der Zwaag Springer Series in Materials Science, Volume 100, Springer, Dordrecht, the Netherlands, 2007.

[5] S. D. Bergman and F. Wudl, *Journal of Materials Chemistry*, 2008, **18**, 1, 41.

[6] R. P. Wool, *Soft Matter*, 2008, **4**, 3, 400.

[7] D. Y. Wu, S. Meure and D. Solomon, *Progress in Polymer Science*, 2008, **33**, 5, 479.

[8] M. R. Kessler, *Proceedings of the Institution of Mechanical Engineers*, Part G: *Journal of Aerospace Engineering*, 2007, **221**, 4, 479.

[9] Y. C. Yuan, T. Yin, M. Z. Rong and M. Q. Zhang, *Express Polymer Letters*, 2008, **2**, 4, 238.

[10] J. P. Youngblood, N. R. Sottos and C. Extrand, *MRS Bulletin*, 2008, **33**, 8, 732.

[11] K. A. Williams, D. R. Dreyer and C. W. Bielawski, *MRS Bulletin*, 2008, **33**, 8, 759.

[12] S. R. White, M. M. Caruso and J. S. Moore, *MRS Bulletin*, 2008, **33**, 8, 766.

[13] I. P. Bond, R. S. Trask and H. R. Williams, *MRS Bulletin*, 2008, **33**, 8, 770.

[14] R. S. Trask, H. R. Williams and I. P. Bond, *Bioinspiration and Biomimetics*, 2007, **2**, 1, 1.

[15] S. K. Ghosh, Ed., *Self – healing Materials*: *Fundamentals, Design Strategies, and Applications*, Wiley – VCH Verlag, Weinheim, Germany, 2009.

[16] C. Dry, *Composite Structures*, 1996, **35**, 3, 263.

[17] S. R. White, N. R. Sottos, P. H. Geubelle, et al., *Nature*, 2001, **409**, 6822, 794.

[18] J. G. Smith, Jr., *An Assessment of Self – healing Fiber Reinforced Composites*, NASA/TM – 2012 – 217325 NASA Langley Research Center, Hampton, VA, 2012.

[19] W. Li, J. W. Buhrow, L. M. Calle, *Proceedings of the 3rd International Conference on Self – healing Materials*, NASA #20110008504_2011008866, Bath, UK, 2011.

[20] T. K. O' Brien, *Assessment of Composite Delamination, Self – healing under Cyclic Loading*, NASA #20090028603_2009028341, Langley Research Center, Hampton, VA, 2009.

[21] D. Eberly, R. Ou, A. Karcz and G. Skandan, *Self – healing Nanocomposites for Reusable Composite Cryotanks Applications for COPVs include Storage of Natural Gas and Liquid Hydrogen Fuel in Vehicles, and Marine Transport of Propane via Tanker Ships*, NASA # 20130013555, NEI Corporation for NASA Marshall Space Flight Center, NASA, Washington, DC, 2013.

[22] B. Johnson, A. Caracci, L. Tate and D. Jackson, *Fabrication and Characterization of (MWCNT) and Ni – MWCNT) Repair Patches for CFRP*, NASA #20110016716_2011017757, NASA

Kennedy Space Center, Cape Canaveral, FL, 2011.

[23] S. V. Raj, M. Singh and R. Bhatt, *New Class of Self – healing Ceramic Composites (SHCCs), Composites for Aircraft Engine Applications, Applications include the Nuclear Power Generation Industry and Military Ships*, NASA# 20130009813_2013009221, John H. Glenn Research Center, Cleveland, OH, 2013.

[24] J. A. Riedell and T. E. Easler, *Ceramic Adhesive and Methods for On – orbit Repair of Re – entry Vehicles*, NASA# 20130013565_2013013352, Johnson Space Center, Houston, TX, 2013.

[25] J. A. Riedell and T. E. Easler, inventors; COI Ceramics Inc, assignee; US7628878B2, 2009.

[26] K. O'Brien, M. W. Czabaj J. A. Hinkley, et al., *Combining Through Thickness Reinforcement and Self – healing for Improved Damage Tolerance and Durability of Composites*, NASA/TM – 2013 – 217988, Langley Research Center, Hampton, VA, 2013.

[27] C. Johnson and G. Spexarth, *Proceedings of the Annual Technical Symposium, Inflatable Structures: Test Results and Development Progress since TransHab*, Document ID 20060022083, NASA Johnson Space Centre, Houston, TX, 2006, p. 20.

[28] A. Haight, J – M. Gosau, A. Dixit and D. Gleeson, *Self – healing, Inflatable, Rigidizable Shelter – (Rigidization on Command)*, Marshall Space Flight Center, Huntsville, AL, 2012.

[29] E. J. Brandon, M. Vozoff, E. A. Kolawa, et al., *Acta Astronautica*, 2011, **68**, 7 – 8, 883.

[30] W. Li and L. M. Calle, *Proceedings of the 210th Electrochemical Society Meeting*, Pennington, NJ, 2006, p. 143.

[31] L. M. Calle, J. W. Buhrow and S. T. Jolley, *SAMPE Fall Technical Conference*, Session 151 – AB, Salt Lake City, UT, 2010.

[32] G. A. Slenski and P. S. Meltzer, Jr., *The AMPTIAC Quarterly*, 2004, **8**, 3, 17.

[33] S. T. Jolley, M. K. Williams, T. L. Gibson and A. J. Caraccio, *Next Generation Wiring Developing Flexible: High Performance Polymers with Self – healing Capabilities*, NASA Kennedy Space Center, FL, 2011.

[34] M. W. Keller, N. R. Sottos and S. R. White, inventors; University Of Illinois, assignee; US7569625 B2, 2009.

[35] D. R. Huston, and B. R. Tolmie, *Self – healing Cable for Extreme Environments*, US Patent, US20080283272 A1, 2008.

[36] J. I. Kleiman, Y. Gudimenko, Z. A. Iskanderova, R. C. Tennyson and W. D. Morison, *Proceedings of 4th International Space Conference on the Protection of Space Materials from the Space Environment*, University of Toronto, Toronto, Canada, 1998, Kluwer Academic Publishers, Dordrecht, the Netherlands, 2001, p. 243.

[37] A. M. Grande, A. Rahaman, L. Di Landro, M. Penco and I. Peroni, *Proceedings of the 4th European Conference for Aerospace Sciences EUCASS*, organized by the European Scientists and Engineers, Moskovskie Morota Hotel, St Petersburg, Russia, 2011.

[38] L. Castelnovo, A. M. Grande, L. Di Landro, G. Sala, C. Giacomuzzo and A. Francesconi, *Proceedings of the 4th International Conference on Self – healing Materials (ICSHM2013)*, Gh-

ent, Belgium, 2013, p. 337.

[39] E. J. Siochi, J. B. Anders, Jr., D. E. Cox, D. C. Jegley, R. L. Fox and S. J. Katzberg, Biomimetics for NASA Langley Research Center, 2000 Report of Findings from a Six-Month Survey, NASA/TM-2002-211445, Langley Research Center, Hampton, VA, 2002.

[40] T. A. Plaisted, A. V. Amirkhizi, D. Arbezlaez, S. C. Nemat-Nasser and S. Nemat-Nasser, Smart Structures and Materials 2003: Industrial and Commercial Applications of Smart Structures Technologies, Ed., E. H. Anderson, SPIE Proceedings Volume 5054, Bellingham, WA, 2003, p. 372.

[41] L. A. Gavrilov and N. S. Gavrilova, IEEE Spectrum, 2004, **41**, 9, 30.

[42] K. L. Bedingfield, R. D. Leach and M. B. Alexander, Eds., Spacecraft System Failures and Anomolies Attributed to the National Space Environment, NASA Reference Publication 1390, NASA, Marshall Space Flight Centre, Huntsville, AL, 1996.

[43] G. A. Graham and A. T. Kearsley, ESA-ESTEC-Space Environments and Effects-Final Presentation Days, organised and held at ESA/ESTEC, Contract No. 13308/98/NL/MV, Noorddwijk, the Netherlands, 1999.

[44] ESA Space Debris Mitigation Handbook, IADC Protection Manual, Documents No: IADC-02-01 and IADC-04-06. http://www.iadc online.org

[45] N. L. Johnson, NASA Green Engineering Masters Forum, San Francisco, CA, NASA, FL, 2009.

[46] M. D. Rhodes, J. G. Williams and J. H. Starnes, Jr., Proceedings of the 34th Annual Conference of the Reinforced Plastics/Composites Institute-Reinforcing the Future, New Orleans, LA, 1979, p. 2001.

[47] J. D. Winkel and D. F. Adams, Composites, 1985, **16**, 4, 268.

[48] C. K. L. Davies, S. Turner and K. H. Williamson, Composites, 1985, **16**, 4, 279.

[49] J-K. Kim and M-L. Sham, Composites Science and Technology, 2000, **60**, 5, 745.

[50] F. Mili and B. Necib, Composite Structures, 2001, **51**, 3, 237.

[51] C. H. Yew and R. B. Kendrick, International Journal of Impact Engineering, 1987, **5**, 1-4, 729.

[52] W. P. Schonberg, Advances in Space Research, 2009, **45**, 6, 709.

[53] V. V. Silvestrov, A. V. Plastinin and N. N. Gorshkov, International Journal of Impact Engineering, 1995, **17**, 4-6, 751.

[54] R. C. Tennyson and C. Lamontagne, Composites Part A: Applied Science and Manufacturing, 2000, **31**, 8, 785.

[55] C. G. Lamontagne, G. N. Manuelpillai, J. H. Kerr, E. A. Taylor, R. C. Tennyson and M. J. Burchell, International Journal of Impact Engineering, 2001, **26**, 1-10, 381.

[56] Y. Tanabe and M. Aoki, International Journal of Impact Engineering, 2003, **28**, 10, 1045.

[57] M. Wicklein, S. Ryan, D. M. White and R. A. Clegg, International Journal of Impact Engineering, 2008, **35**, 12, 1861.

[58] A. R. Chambers, M. C. Mowlem and L. Dokos, Composite Science and Technology, 2007, **67**, 6, 1235.

[59] B. Banks, S. K. Miller and K. K. de Groh, Proceedings of the 2nd AIAA International Energy Conversion Engineering Conference, Providence, RI, 2004.

[60] R. V. Kruzelecky, A. K. Ghosh, E. Poire' and D. Nikanpour, Protection of Materials and Structures from Space Environment (ICPMSE-4), Eds., J. Kleiman and R. C. Tennyson, Kluwer, Dordrecht, the Netherlands, 1998, p. 125.

[61] T. K. Minton, M. E. Wright, S. J. Tomczak, et al., ACS Applied Materials & Interfaces, 2012, **4**, 2, 492.

[62] S. J. Tomczak, M. E. Wright, A. J. Guenthner, et al., Proceedings of the American Institute of Physics International Conference: Materials Physics and Applications, Volume 1087, Toronto, Canada, 2008, p. 505.

[63] A. de Rooij, Proceedings of the 3rd ESA European Symposium on Spacecraft Materials in Space Environment (ESA SP-232), Noordwijk, the Netherlands, 1985.

[64] Z. Iskanderova, J. Kleiman, Y. Gudimenko, R. C. Tennyson and W. D. Morison, Surface and Coatings Technology, 2000, **127**, 1, 18.

[65] K. K. de Groh, B. A. Banks, G. G. Mitchell, et al., Proceedings of the 12th ESA/ESTEC International Symposium on Materials in the Space Environment (ISMSE-12), Noordwijk, the Netherlands, 2012.

[66] A. Kondyurin and B. Lauke, Proceedings of the European Space Agency 9th International Symposium on Materials in a Space Environment, ESA SP-540, Noordwijk, the Netherlands, November 2003, p. 75.

[67] A. Kondyurin and B. Lauke, Proceedings of the 2nd European Workshop on Inflatable Space Structures, Tivoli, Italy, 2004.

[68] B. S. Bokshtein, M. I. Mendelev and D. J. Srolovitz, Thermodynamics and Kinetics in Materials Science: A Short Course, Oxford University Press, Oxford, 2005.

[69] MIL-STD-202G, Department of Defense, Test Method Standard, Electronic and Electrical Component Parts, Method 107G Thermal Shock, 2002. http://snebulos.mit.edu/projects/reference/MIL-STD/MIL-STD-202G.pdf.

[70] MIL-STD-883E, Department of Defense, Test Method Standard, Microcircuits, 1996. http://scipp.ucsc.edu/groups/fermi/electronics/mil-std-883.pdf.

[71] E. Miyazaki, M. Tagawa, K. Yokota, R. Yokota, Y. Kimoto and J. Ishizawa, Acta Astronautica, 2010, **66**, 5-6, 922.

[72] K. Chane-Ching, M. Lequan, R. M. Lequan and F. Kajzar, Chemical Physics Letters, 1995, **242**, 6, 598.

[73] P. K. Mallick, Fiber Reinforced Composites: Materials, Manufacturing and Design, 2nd Edition, Marcel Dekker, New York, NY, 1993.

[74] F. N. Cogswell, Thermoplastic Aromatic Polymer Composites, Butterworth-Heinemann Ltd, Oxford, 1992.

[75] C. O. A. Semprimoschnig, Enabling Self-Healing Capabilities-A Small Step to Biomimetic

Materials, Materials Report No. 4476, ESA Technical Note, European Space Agency, Cologne, Germany, 2006. http://esamultimedia. esa. int/docs/gsp/materials_report_4476. pdf.

[76] B. Schläppi, K. Altwegg, H. Balsiger, et al. , Journal of Geophysical Research, Part A: Space Physics, 2010, **115**, A12, A12313.

第8章

模拟轨道空间碎片抗撞击试验的自修复能力

微流星体和轨道碎片在空间中的存在,特别是在低地球轨道上,对在轨卫星、航天器和国际空间站构成了持续的危险。空间碎片包括地球轨道上所有无功能的人造物体和碎片。随着碎片数量的不断增加,可能导致潜在损坏的碰撞概率也随之增加。在本章中,讨论了在空间中受到撞击的复合材料自修复的可行性。

在过去几年中,碳纤维增强聚合物(CFRP)在空间结构中的使用有所扩大。从专门研究其可靠性、空间中状态监测及其对碎片反应的论文数量中,可以看出这一趋势。典型的卫星服务模块是方形或八角形盒子,带有一个中央圆锥/圆柱和剪力板(SP)。锥形圆柱体和 SP 通常由带有 CFRP 面板和铝(Al)蜂窝(HC)芯材(CFRP/Al HC – SP)的夹层板构成。与此类似,上、下平台也是 CFRP/Al – HC – SP。由于热的原因,服务模块的侧面板是带有铝面板和铝 – HC 芯材的夹层板。这些面板还包裹着多层隔热毯。

侧面板可以用 CFRP/Al – HC – SP 制成。其他有效载荷包括望远镜,这些望远镜通常主要由 CFRP 构成(出于稳定性和指向、跟瞄需求)。用于支撑天线、太阳能电池阵列等诸如此类部件的桁架式结构通常由 CFRP 制成。

如第 4~7 章所述,自修复过程基于填充有 5 – 亚乙基 – 2 – 降冰片烯(ENB)和双环戊二烯(DCPD)单体的各种组合的微胶囊,与钌 Grubbs 催化剂反应(RGC)。然后将自修复材料与基于 Epon®828 的环氧树脂和单壁碳纳米管(SWCNT)材料成功混合。混合后的材料被注入到编织 CFRP 的层中。虽然微胶囊不会修复撞击的弹坑区域,但在远大于陨石坑直径本身的距离上,修复陨石坑周围形成的分层是可行的。使用先进的内爆驱动超高速发射器,CFRP 试样结构受到超高速撞击,这种超高速撞击条件在空间环境中普遍存在。使用三点弯曲试验对受撞击的 CFRP 试样进行系统表征,以评估弯曲强度。确定了自修复效率,同时确定了单壁碳纳米管贡献[1]。

8.1 树脂和碳纤维增强塑料的自修复研究

使用直径在 1~5mm 之间、速度在 2~8km/s 之间的超高速弹丸对空间碎片的影响进行了试验研究。通过对裂纹的目视观察,证明了树脂样品在金属弹丸高速撞击下裂纹的自修复能力。通过将修复成分(微胶囊和 Grubbs 催化剂)混合到室温固化的环氧树脂中来制备自修复树脂样品。然后将树脂样品采用高压气枪的金属弹丸进行测试。此后,使用光学显微镜分析树脂样品上的受损区域。

8.1.1 树脂样品的制备

根据图 8.1 所示的工艺路线,制备由树脂(Epon®828)、固化剂(Epikure™ 3046)、微胶囊化 ENB 和 Grubbs 催化剂制成的自修复样品。图 8.2(a)展示了基于 Epon® 828 树脂的典型自修复样品以及基于 ENB/聚三聚氰胺脲醛(PMUF)微胶囊和 Grubb 催化剂的自修复样品的光学图像。可以观察到,环氧树脂材料内的微胶囊分散良好(图 8.2(b))。样品尺寸为 50.8mm × 50.8mm × 4.8mm。

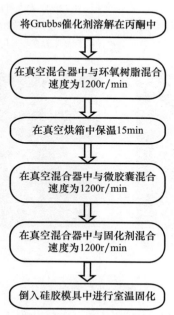

图 8.1　制作自修复树脂样品的工艺路线

8.1.2 环氧树脂基样品高速撞击试验的验证

由金属弹丸[2-3]撞击后的树脂样品如图 8.2 所示。弹丸通过压缩气体从枪口发射,直到隔膜破裂(图 8.3)。连接气缸的压缩气体积聚在隔膜后面,在一定压力下,隔膜破裂,弹丸穿过发射管。弹丸的速度通过改变试验参数来控制,如气压、隔膜的厚度等。

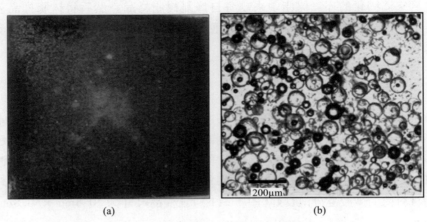

图 8.2 自修复样品的光学显微照片
(a)由树脂、固化剂、微胶囊和 Grubbs 催化剂制成的典型
自修复样品的光学显微照片;(b)修复成分在环氧树脂中的分散。

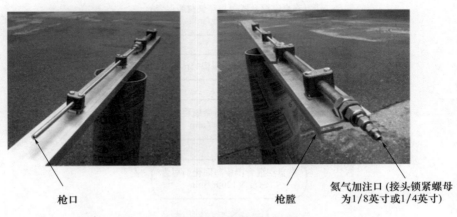

图 8.3 单级高速发射器

对树脂样品进行高速撞击试验,以产生预期损伤的弹丸的规格为:材质为 Al;直径为 1.8mm;质量为 15mg;速度为 (600±50)m/s。图 8.4 所示为撞击后

树脂样品的光学照片,撞击在样品中产生了网格状裂纹。最初的测试是用环氧树脂样品进行的。之后,又对 CFRP 样品进行了测试。

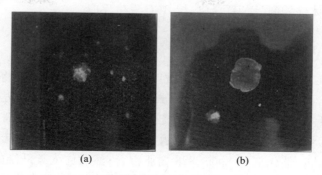

图 8.4　撞击后树脂样品的光学照片
(a)撞击后的某一侧;(b)撞击后的另一侧。

不同时间在显微镜下观察到样品的某些位置如图 8.5 所示。应将这些图片与裂纹的外观进行对比。

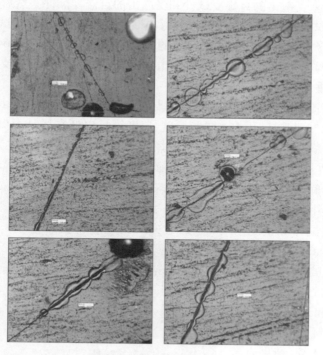

图 8.5　光学显微镜下不同位置观察到的样品的自我修复(撞击测试后 15min 开始观察)

已经发现,在某些位置形成的裂纹完全被聚合物层填充,表明裂纹具有自修复性。随着时间的推移,没有观察到裂纹外观进一步发生变化。在撞击后的几分钟内,这些裂缝似乎已经迅速修复:从破碎的微胶囊中释放的修复剂聚合到裂纹中,液体修复剂(ENB)释放,与 RGC 发生反应。

8.1.3 高速撞击下碳纤维增强聚合物样品的自修复

树脂样品试验得出的数据,其后被应用于下一阶段的研究,将修复剂加入纤维增强复合材料中,并进行高速撞击测试。使用前面描述的方法合成了几批平均尺寸小于 20mm 的、独立的单个微胶囊。常规(不含自修复剂)和改性(含自修复剂)交叉铺层 $[0_2/90_2]_S$ 型复合板使用热压罐成型的手糊方法制造。将微胶囊和 Grubbs 催化剂与 Epon®828 树脂混合,然后注入碳纤维的单向层中,以制备自修复复合板。采用与树脂样品相同的混合方案,将自修复剂注入改性的 CFRP 样品中。

从每个面板上切下一些具有特定尺寸的样品,以用于进一步处理。其中一些样本用于高速射弹测试。试件可分为 4 类,即正常未受撞击的试件、受撞击的常规试件、未受撞击的自修复试件和受撞击的自修复试件。然后,根据 ASTM D7264[4],测试常规试样和改进试样的弯曲性能。再后,通过比较试样的抗弯强度来评估自修复性能。根据被测样品的尺寸,并根据 ASTM D7264 标准,将跨度与厚度比调整为 32。这个比例为撞击试验、较大范围的载荷、支撑鼻以及便于调整的悬垂长度提供了充足的空间。

因此,该比率被选择用于试样的三点弯曲试验。适当地选择撞击条件(射弹材料、直径、控制爆破压力的隔膜厚度、速度等),以便在样品中保证可以定量地产生损伤,满足预期的损伤程度。选择弹丸的撞击条件是:材质为 Al;直径为 4.27mm;弹丸速度为 (450 ± 50) m/s。撞击试验后,改性后的样品保存 48h,以便使其有时间进行自修复。然后采用三点弯曲测试规范测试样品的弯曲强度(图 8.6)。

将测得的抗弯强度与撞击后的常规(无自修复性材料)和改性(含有自修复性材料)试样的抗弯强度进行比较,结果表明自修复恢复率高达 54%。

图 8.6 正在测试中的三点弯曲试验

8.2　超高速撞击下碳纤维增强聚合物样品的自修复

使用了与第9章中相同的SWCNT,并且在测试中使用了相同的一组纳米级表征方案。对ENB和DCPD封装,按照前面描述的相同流程制备。

自修复验证样品由编织CFRP样品组成,包含以下5种主要成分:

(1)基质:环氧树脂预聚物(Epon®828)和固化剂(Epikure™3046),这种环氧树脂用于空间的内部结构。

(2)微胶囊:将单体修复剂(ENB/DCPD)制成小的微胶囊(直径小于15mm)。单体在环氧树脂中均匀分布,约占结构质量的10%。

(3)不同浓度的单壁碳纳米管材料。

(4)第一代Grubbs催化剂(钌金属催化剂),1%(质量分数)或2%(质量分数)。

(5)开环复分解聚合(ROMP),即允许单体和催化剂之间发生反应,完成化学修复过程。

8.2.1　样品制备

制备了含有和没有碳纳米管(CNT)的、不同系列的样品。在超高速撞击试验后,碳纤维增强聚合物(CFRP)样品上形成的裂纹到达微胶囊,并导致微胶囊的壁破裂,从而在裂缝中释放出修复剂单体(ENB或DCPD,或两种单体的组合,如下文所述)。一旦单体和催化剂接触,就会触发自修复反应,即修复剂(单体)和在基体中埋植入的催化剂颗粒之间的聚合[5-15]。Grubbs催化剂能够维持称为开环复分解聚合(ROMP)的化学反应,直到打开的微胶囊内的修复剂单体充满裂纹为止。

值得注意的是,使用ENB单体的缺点是所得聚合物是线性的,因此与使用DCPD相比,其力学性能较差。其后有人提出,这两种单体的组合将产生一种能够快速、自主、自修复,并具有优异力学性能的复合材料。另外,有人建议将具有更高力学性能的CNT材料与这些单体相结合,评估这类材料的自修复能力。还有人将含有修复剂单体的微胶囊植入编织碳纤维增强塑料中(使用4层编织层,微胶囊的平均直径不大于15mm)。图8.7总结了制造过程。光纤布拉格光栅(FBG)传感器嵌植在第二层和第三层CFRP之间,集中在一个直径为5cm的圆圈内(图8.8),对应于超高速撞击试验期间碎片撞击的区域。

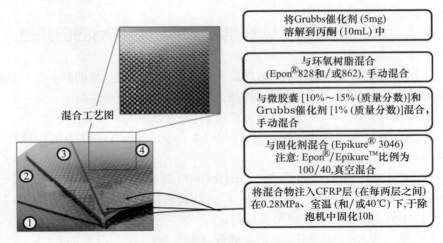

图 8.7 具有自修复功能和光纤布拉格光栅（FBG）
传感器的碳纤维增强聚合物（CFRP）的制造过程

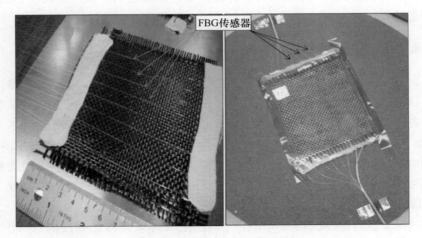

图 8.8 制备的测试样机

（a）嵌入在第二层和第三层 CFRP 层之间的 4 个 FBG 传感器的集成图（这些传感器集中在一个直径为 5cm 的圆形表面内，对应于在超高速撞击试验期间碎片撞击的区域）；（b）样品的最终样机。

8.2.2 超高速撞击试验

使用前面描述的 CFRP 复合材料样品,使用内爆驱动的超高速发射器进行了撞击试验。样品（即 CFRP + FBG）安装在靶室中,用氦气冲洗（置换其中的空气）。内爆驱动的超高速发射器运行正常,为了模拟轨道空间碎片,采用小口径和/或聚碳酸酯试验弹(直径3~4mm),以高达8km/s的速度发射(图8.9)。制备的所有CFRP样品均在相同条件下进行测试,以进行比较。撞击导致样品完全穿透,样品两侧出现大量分层(见下一小节中的图8.12和图8.13)。此外,还经常发生二次撞击,这很可能是超高速发射器产生的碎片造成的。在40℃下修复48h后,采用三点弯曲试验(ASTM D2344[16])方法测量撞击后的CFRP样品。

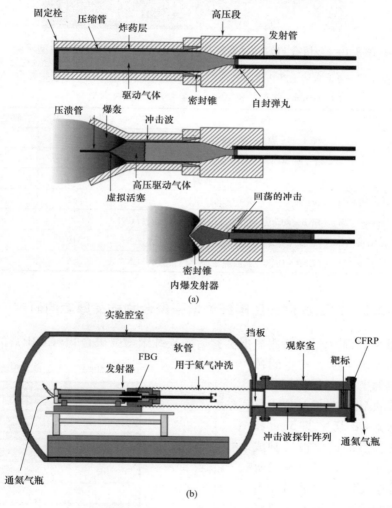

图8.9 超高速撞击实验装置示意图
(a)内爆发射器的相关概念;(b)发射器示意图和FBG实验装置。

测试了7组CFRP样品(12cm×12cm)。测试数据汇总于表8.1。图8.10展示了撞击后的CFRP样品。

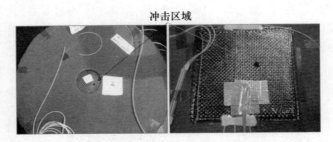

图 8.10 嵌植有 FBG 传感器的 CFRP 样品在超高速撞击后的典型示例

表 8.1 撞击后的 CFRP 结构状况汇总表[自修复材料与 1%(质量分数)的钌 Grubbs 催化剂和 10%(质量分数)的微胶囊混合]

埋植入的材料	机械强度/MPa	修复率/%
第 1 组　原 Epon®828	245	45
第 2 组　Epon®828 + ENB 微胶囊	276	58
第 3 组　Epon®828 + DCPD 微胶囊	290	63
第 4 组　Epon®828 + (ENB + DCPD)微胶囊	281	61
第 5 组　Epon®828 + (ENB + DCPD)微胶囊 + 0.5%(质量分数)CNT	297	68
第 6 组　Epon®828 + (ENB + DCPD)微胶囊 + 1%(质量分数)CNT	310	74
第 7 组　Epon®828 + (ENB + DCPD)微胶囊 + 2%(质量分数)CNT	326	83

8.2.3　超高速撞击后碳纤维增强聚合物样品厚度的研究

图 8.11 展示了超高速撞击试验后的碳纤维增强聚合物(CFRP)样品示意图。首先确定撞击发生的弹坑区域的坐标,然后根据到弹坑区域的距离,将样品切成具有不同宽度的切片,即 5mm 和 10mm(较近的区域被切割成最小尺寸为 5mm)。目标是研究切片厚度信息,并将其作为其位置的函数,以获得位置对其厚度的影响,重现超高速撞击事件后样品厚度的影响。

图 8.12 ~ 图 8.14 显示了厚度测量的详细信息。有

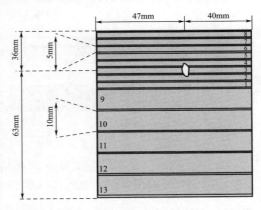

图 8.11　显示 CFRP - FBG 自修复系统在撞击试验后切制薄片的示意图

时金属弹丸在撞击试验前破裂,并在 CFRP 样品上形成两个弹坑(图 8.14)。由于撞击会使 CFRP 样品内产生分层,通过它们的标称厚度来量化这些分层,根据撞击后/前的厚度比数据,较厚的区域可代表分层发生的位置。如前所述,

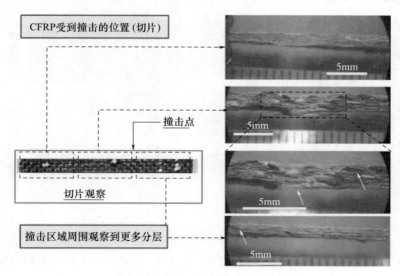

图 8.12　显微镜下的切片研究示例

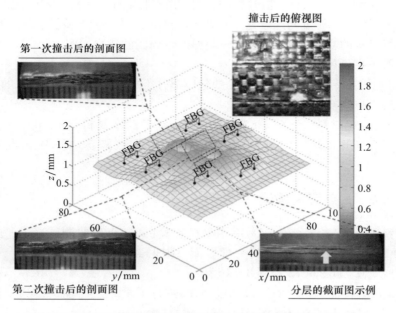

图 8.13　CFRP 样品受到两个弹丸撞击后的测量厚度的三维表示

将CFRP样品切成薄片,通过横截面照片测量厚度来估算基体厚度(厚度通过方形样品的两个维度上以每3mm的步长估算)。此外,为每次试验和每个样本获得超过650个值的点阵。

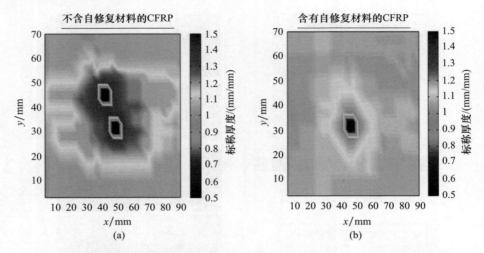

图8.14 撞击试验后样品的色码图(样品的较厚部分主要位于受撞击区域的周围)
(a)不含自修复材料;(b)含有自修复材料。

应用MATLAB®代码,通过使用彩色图形来跟踪两个维度,其中颜色表示区域的宽度(厚度)(较宽的区域是分层较大的区域)。图8.14展示了使用和不使用自修复材料的CFRP基Epon®828获得的色码图的典型示例。

有两个主要观察结果:

(1)色码图表明,含有分层样品的较厚部分更集中在受到撞击区域的周围,特别是对于自修复样品;

(2)与原始材料(即纯Epon®828)相比,含有自修复材料的CFRP样品的厚度似乎分布更加均匀,这表明修复效果明显(即在修复过程中分层的延伸更少)。

8.2.4 三点弯曲试验

在修复过程(40℃、48h)后,应用材料实验机(三点弯曲测试)测量了受撞击的CFRP样品,以研究它们的力学性能。根据ASTMD2344[16]将每个样品切成7片或8片,如图8.12和图8.13所示。

对CFRP样品(如前所述,被切成薄片)进行了两次三点弯曲测量:

(1)在超高速撞击和修复过程(48h、40℃)中;

(2)在第二次修复过程(48h、40℃)后,对其他弯曲切片(应用压机水平压制)进行第二次测量。机械弯曲测量(即三点弯曲试验)根据撞击位置的垂直线进行。为了进行比较,还测试了在超高速撞击试验之前原始 CFRP 样品(即含有纯环氧树脂 Epon®828)的数据。

使用了 3 种自修复材料:

(1)基于胶囊化的 ENB 单体;

(2)基于胶囊化的 DCPD 单体;

(3)基于这两种单体的质量比为 1∶1 的混合物。

所有的自修复材料均与 1%(质量分数)的 RGC 和 10%(质量分数)的微胶囊混合。

然后将第(3)类自修复材料与不同浓度的 CNT 混合。对于所有样品(即 Epon®828 和 Epikure™3046),环氧树脂基质保持相同。

表 8.1 汇总了对含有不同修复剂和不同单壁碳纳米管(SWCNT)浓度的碳纤维增强聚合物(CFRP)样品进行的弯曲试验获得的机械强度。主要目的是确定修复部分的机械贡献以及碳纳米管材料的贡献。

当将测试样品与原始样品(即仅包含环氧树脂材料的样品)进行比较时,确定了完全由修复材料造成的恢复率。结果可归纳为以下结论:

(1)31MPa 的机械强度完全归功于基于 ENB 的自修复材料,提高了约 13%;

(2)使用基于 DCPD 的修复剂时,修复效果更好(机械强度提高了 18%);

(3)当使用质量比为 1∶1 的 DCPD/ENB 修复剂的混合物时,弯曲强度发生轻微下降(从 18%下降到约 15%),这是因为 ENB 的加入造成(ENB 是线性且具有较低机械强度的聚合物,将其添加到 DCPD 中会略微降低混合物的整体机械强度);

(4)加入 SWCNT 材料时,即使浓度低至 0.5%(质量分数),力学性能也能获得显著改善;

(5)含有 2%(质量分数)SWCNT 的修复材料可提高高达 81MPa 的力学性能恢复,这意味着机械强度提高了约 33%。

当比较修复效率(此处修复效率表示为修复过程后两次连续弯曲试验获得的抗弯强度的比率)时,可以看到,由于仅掺入 2%(质量分数)的 SWNT,修复效率可以高达 83%。

值得注意的是,弹坑区域中存在的碳纳米管会随着喷射物而消失。然而,分层区域中存在的那些碳纳米管在材料的重建中起着至关重要的作用,并在释放 ENB 的聚合物中,通过在与 Grubbs 催化剂的 ROMP 聚合后充当交联键,来帮助自修复复合材料进行修复。

8.2.5 碳纳米管材料的阻尼效应

图 8.15 展示了测量的 FBG 中心波长(CWL)信号随时间变化的响应。这些数据是对质量比为 1∶1 的 ENB/DCPD 修复剂和不同浓度的 CNT 的 CFRP 结构在受到撞击后获得的。图 8.15 所示的插图显示了 FBG–CWL 位置与 CNT 含量的函数关系。由于 CNT 含量较高,具有 1% 和 2% SWCNT 的样品显示出高阻尼效应。对于 SWCNT 材料的力学性能贡献与其形态和结构特性的相关性,研究工作正在进行中。

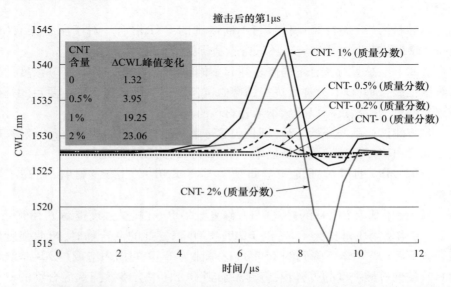

图 8.15 撞击试验后 FBG–CWL 信号与具有不同 CNT 含量的 CFRP 结构的时间相关性

8.3 使用光纤布拉格光栅传感器进行超高速测量

制备了包埋有 CNT 和自修复复合材料(基于埋植入 Epon®828 环氧树脂系统中的微胶囊化 ENB 单体和 RGC)的各种 CFRP 样品。光纤布拉格光栅(FBG)安装在两个位置,即内爆管和输出法兰,具体如下:

(1) FBG 安装于内爆管,以测量以下各量:

① 弹丸发射过程中的应变;

② 通过两次 FBG 响应之间的延迟,以测量弹丸速度(但是,FBG 彼此太近,即只有 5~10cm,时间延迟在几微秒范围内,对于精确测量来说,时间太短了)。

(2) 埋植入 CFRP 并放置在腔室末端的 FBG 传感器(图 8.16),在这种情况下,

FBG 用以测量以下各量：

① 样品内的撞击波传播速度；

② 自修复效率；

③ 通过测量管上的 FBG 响应与 CFRP 样品上的响应之间的延迟来测量弹丸速度。

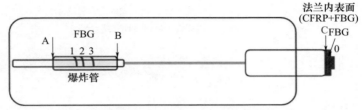

图 8.16　发射管（爆炸管）上含 3 个 FBG 传感器的 CFRP 样品
（在 CFRP 内也包含一个 FBG 传感器）

另外，3 个 FBG 传感器放置在内爆管（爆炸管）上，一个 FBG 传感器放置在 CFRP 样品上。所有传感器都使用高速 2MHz 系统获取数据。目标如下：

（1）通过光纤传感器信号，测量弹丸速度，并将其与条纹相机测量的数据进行比较。相机测得的速度为 7.9km/s；

（2）测量发射管上应变的变化，然后将其与撞击波测量结果进行比较。

图 8.17 展示了发射后的内爆管。

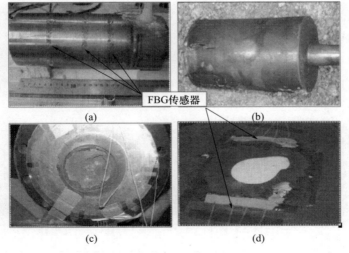

图 8.17　撞击试验前后的图片对比
(a)撞击试验前的内爆管（FBG 光纤粘贴于内爆管上）；
(b)撞击试验后的内爆管；(c)、(d)撞击试验后的 CFRP – FBG 试样。

图 8.18 和图 8.19 展示了在撞击时获得的典型 FBG 信号。

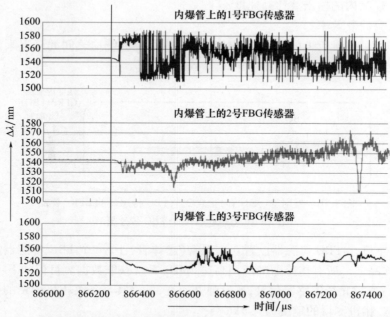

图 8.18 在发射器内爆管上获得的典型记录的 FBG 信号——大约 1ms 后纤维断裂

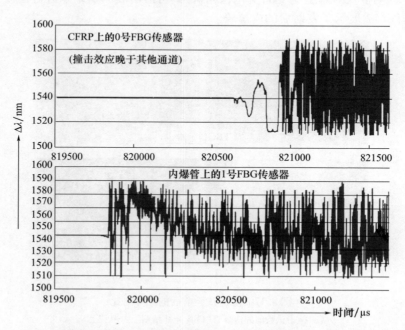

图 8.19 内爆管和 CFRP 样品上的典型 FBG 响应(发生于内爆试验后约 0.5ms)

根据 FBG 记录的时间差计算弹丸速度。根据波长变化的时间延迟计算速度(表 8.2 和表 8.3),目的是为估算速度提供一组良好的统计数据。总之,嵌入的 FBG 传感器在估算撞击试验和弹丸超高速方面表现出良好的能力,准确度约为 1%。

表 8.2　基于波长第一次变化的时间计算的弹丸速度

(平均速度 7.55km/s,误差小于 4%)

测试参数	FBG0 – FBG1	FBG1 – FBG2	FBG2 – FBG3	FBG1 – FBG3
Δt/s	0.0004175	0.0000025	0.000011	0.00000675
Δs/m	3.17	0.065	0.05	0.115
局部速度/(m/s)	7592.81	26000.00	4545.45	17037.04
速度/(m/s)	7592.81	7481.93	7675.28	7437.61

表 8.3　基于第一次跳跃的时间计算的弹丸速度

(平均速度为 7.907km/s,误差在 1% 以内)

测试参数	FBG0 – FBG1	FBG1 – FBG2	FBG2 – FBG3	FBG1 – FBG3
Δt/s	0.000404	0.000009	0.0000185	0.00001375
Δs/m	3.17	0.065	0.05	0.115
局部速度/(m/s)	7846.53	7222.22	2702.70	8363.64
速度/(m/s)	7846.53	7860.76	8093.39	7828.32

8.4　小　　结

已经证明,自修复材料可以在太空环境中使用。自修复的复合材料是微胶囊的混合物,其中含有 ENB 和 DCPD 单体的各种组合,与 RGC 发生反应。两种单体都包封于 PMUF 壳材料中,其中胶囊的平均尺寸小于 15mm。通过真空离心技术将自修复材料与环氧树脂、Epon®828 和 SWCNT 混合。将获得的纳米复合材料注入到编织的 CFRP 层中。然后,使用先进的内爆驱动的超高速发射器对 CFRP 试样进行超高速撞击。在超高速试验之后,试样的三点弯曲测试表明,质量比为 1∶1 的 ENB 和 DCPD 单体混合物制备的自修复材料性能最优,具有最佳的机械强度,如果添加少量的 SWCNT(2%(质量分数)和更少),自修复效率则可以获得巨大提高。这些结果表明,使用 ENB/DCPD/SWCNT/RGC 的系统具有重要的现实意义,对空间应用具有巨大的潜力。然而,尚需要进行额外的试验研究,特别是根据系统的冷冻切片分析,研究 CNT 含量对复合材料各种性能的影响,以验证 SCWNT 材料的阻尼效应,以及这种材料在形成的聚合物过程中作为交联成分所起的作用。

参考文献

[1] B. Aïssa, K. Tagziria, E. Haddad, et al., 'The self-healing capability of carbon fibre composite structures subjected to hypervelocity impacts simulating orbital space debris', *ISRN anomaterials*, 2012, **2012**, Article ID 351205, 16 pages.

[2] M. Wicklein, S. Ryan, D. M. White and R. A. Clegg, *International Journal of Impact Engineering*, 2008, **35**, 12, 1861.

[3] M. Grujicic, B. Pandurangan, C. L. Zhao, S. B. Biggers and D. R. Morgan, *Applied Surface Science*, 2006, **252**, 14, 5035.

[4] ASTM D7264, *Standard Test Method for Flexural Properties of Polymer Matrix Composite Materials*, 2007.

[5] S. Varghese, A. Lele and R. Mashelkar, *Journal of Polymer Science, Part A: Polymer Chemistry Edition*, 2006, **44**, 1, 666.

[6] J. M. Asua, *Progress in Polymer Science*, 2002, **27**, 7, 1283.

[7] B. J. Blaiszik, M. M. Caruso, D. A. McIlroy, J. S. Moore, S. R. White and N. R. Sottos, *Polymer*, 2009, **50**, 4, 990.

[8] E. B. Murphy and F. Wudl, *Progress in Polymer Science*, 2010, **35**, 1-2, 223.

[9] E. N. Brown, M. R. Kessler, N. R. Sottos and S. R. White, *Journal of Microencapsulation*, 2003, **20**, 6, 719.

[10] X. Liu, X. Sheng, J. K. Lee and M. R. Kessler, *Macromolecular Materials and Engineering*, 2009, **294**, 6-7, 389.

[11] A. J. Patel, S. R. White, and E. D. Wetzel, Self-healing Composite Armor: *Self-healing Composites for Mitigation of Impact Damage in US Army Applications*, Final Report, Contract No. W911NF-06-2-0003, US Army Research Laboratory, Adelphi, MD, 2006.

[12] E. N. Brown, S. R. White and N. R. Sottos, *Journal of Materials Science*, 2004, **39**, 5, 1703.

[13] B. J. Blaiszik, N. R. Sottos and S. R. White, *Composites Science and Technology*, 2008, **68**, 3-4, 978.

[14] K. S. Suslick and G. J. Price, *Annual Review of Materials Research*, 1999, **29**, 295.

[15] X. Liu, X. Sheng, J. K. Lee and M. R. Kessler, *Journal of Thermal Analysis and Calorimetry*, 2007, **89**, 2, 453.

[16] ASTM D2344, *Standard Test Method for Short-Beam Strength of Polymer Matrix Composite Materials and Their Laminates*, 2013.

第9章

利用光纤传感器监测和自修复材料减轻空间小碎片对空间复合材料缠绕压力容器的影响

对复合材料缠绕压力容器(COPV,又称复合材料气瓶)的壁来说,小型空间碎片引发很高的风险,因为它会使壁产生小孔,导致燃料泄漏。通常使用自修复材料来保持机械结构强度;在此情况下,对修复部分的密封性有严格的要求,以防止任何燃料从真空低温罐中泄漏的潜在风险。本章比较了由不同层组合构成的护壁效果,采用了坚固的材料(如 Kevlar、Nextel)和开发用于防弹目的的自修复性商业材料,如乙烯-甲基丙烯酸(EMAA)共聚物和 Reverlink™。

在本章中回顾了通过使用光纤传感器监测和自修复材料减轻空间小碎片对这些 COPV 影响的结果。使用光纤布拉格光栅(FBG)传感器以高达 500MHz (2ns)的非常快的采集频率检测和监测小碎片的撞击动力学,测量 FBG 总反射信号的变化。该采集系统为市购商用产品。对于测量所有的波长光谱,目前可用的最快光谱仪可以达到 2MHz 采集频率(Micron-Optics™),这个频率被认为不足以检测超高速撞击。将放置在 COPV 中间层的 FBG 的冲击压力变化,与放置在更远几层或最后一层背面的常用应变仪进行了比较。两种传感方法测量的冲击时间延迟和相对强度相符。一些样品在欧洲空间研究和技术中心(ES-TEC)使用 X 射线计算机断层扫描(CT)进行了详细表征,可以通过观察修复细节,并直观地跟踪撞击轨迹,来确认修复结果。

本章旨在提供一种基本解决方案,以保护 COPV 避免受空间碎片的影响,并提供一种使用光纤传感器监测碎片影响的方法。如第 7 章和第 8 章所述,微流星体和轨道碎片的存在,特别是在低地球轨道上,对航天飞机和国际空间站(ISS)等在轨航天器构成持续威胁。减轻空间陨石的风险是联合国和平利用外层空间技术委员会国际审议的六大问题之一[1]。碎片最初撞击时形成一个洞，比碎片直径稍大；随后，由数百个粒子组成高能羽流，这些粒子以清晰的锥角扩散，形成一个比撞击碎片的直径大一个(或多个)数量级的标称损伤区域。特别是，对于复合层压板内部会在更大的区域内产生分层。因此，需要防止空间碎片产生孔洞，或将空间碎片产生孔洞修复并严实无缝地封闭。密封性情况通过真空测试来验证。使用 FBG 传感器[2-12]监测了冲击后果和修复过程的演变。有时也使用啁啾 FBG，因为这种 FBG 对应于 1520~1565nm 通信范围的所有周期。对于碎片撞击，需要监控应变，因为这是最重要的影响因素，而温度升高是一个缓慢得多的过程。

9.1 研究方法

该项目包括以下步骤：
(1) 选择和测试自修复材料；
(2) 校准并使用超高速弹丸发射器；
(3) 选择和植入 FBG 传感器；
(4) 验证真空中的自修复密封性情况；
(5) 使用 X 射线计算机断层扫描分析修复的试样，以跟踪弹丸轨迹和修复情况。

比较了护壁由不同层组合材料组成的 COPV 的自修复效率，使用植入微胶囊中的修复剂、Kevlar 和 Nextel 等坚韧的材料以及作为开发用于防弹的自修复商业材料，如乙烯 - 甲基丙烯酸(EMAA)共聚物和 Reverlink^{TM}。严格要求保证修复部分的密封性，以防止任何可能燃料从真空低温罐中泄漏。填充有 5 - 乙烯 - 2 - 降冰片烯(5E2N)的微胶囊，与以前在复合层中使用的 MPB 一样，可以修复冲击孔周围的小裂缝和分层；然而，它们作为密封层，效果并不太好。

通过权衡，选择了两种材料的多层混合物：
(1) 自修复聚合物，如离聚物 - EMAA(用于防弹材料的乙烯 - 甲基丙烯酸共聚物)或超分子橡胶 Reverlink^{TM}等；
(2) 坚韧的抗冲击材料，如 Kevlar(聚合物 - 芳纶)和 Nextel(陶瓷 - 玻璃)等。

为了通过试验模拟小碎片撞击，使用了由加拿大麦吉尔大学(McGill University)提供的两级发射器(图 9.1)，带有直径为 2~4mm 的铝和不锈钢球体，可发射速度为 1~1.7km/s 的超高速弹丸。大部分测试是用直径为 2mm 的不锈钢弹丸，由于密度更高，因此在相同速度下，它比相同直径的铝弹丸具有更好的效果。

图 9.2 展示了弹丸/弹壳和隔膜的图片。磁棒用于测量超高速，在相隔 5cm 的两个铜线圈之间穿过。

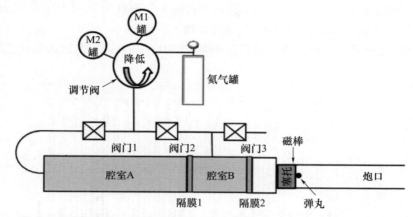

图 9.1　两级发射器的压力连接(最大发射速度 1.7km/s，弹丸直径为 1～5mm)

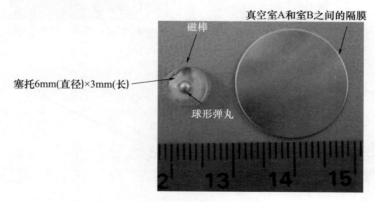

图 9.2　隔膜和带塞托的球形弹丸

使用了两种类型的 FBG：

(1)一种是薄的中心波长型 FBG，光谱宽度为 0.5nm，长度为 1cm，类似于电信中用作波分多路复用(WDM)的 FBG，它被用作传感器，是因为压力影响与波长偏移成正比。

(2)一种啁啾 FBG，反射率范围约为 40nm，长度为 2.5～4cm。光栅上的位置和局域波长是线性相关的。撞击之前和撞击之后，测量 FBG 传感器的、能够提供与快速信号测量协同作用的重要信息的全光谱。通过 FBG 反射强度随时间在数值上的变化,监测动态的超高速撞击,从而可以测量局部应力和毁伤区域。此外,通过比较传感器在测试前、测试后几分钟、测试后一天和几周后的详细反射光谱,获得了残余应变和自修复过程的缓慢变化及其局部细节。

图9.3说明了单波长传感器在光纤方向上受到压缩膨胀。即使偏移约30nm,形状也保持不变。用于FBG的光谱仪的采集速度限制为2MHz(Micron-Optics^{TM}),这对于捕捉超高速撞击的速度太慢了(图9.4)。

建议使用涵盖广泛范围的波长的啁啾FBG反射的总强度,撞击后的这种强

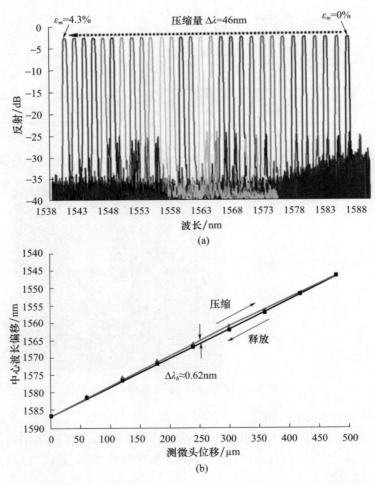

图9.3 单波长传感器在光纤方向上受到压缩-膨胀与中心波长的关系
(a)单波长传感器在光纤方向上受到压缩-膨胀;
(b)在光纤方向上的压缩-膨胀造成的中心波长偏移和滞后。

度与撞击的位置线性相关。使用总强度提供了一个重要优势：它可以使用更快、更简单、更容易获得的吉赫量级电子元件进行测量。撞击试验后，可以通过测量全光谱获得更多信息，以检视最终状态。图 9.5 和图 9.6 说明了平台啁啾 FBG 中总强度、物理长度和波长之间的线性关系。

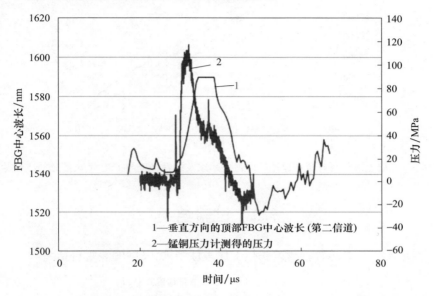

图 9.4　应变仪（锰铜压力计）和 FBG 对机械冲击的响应比较

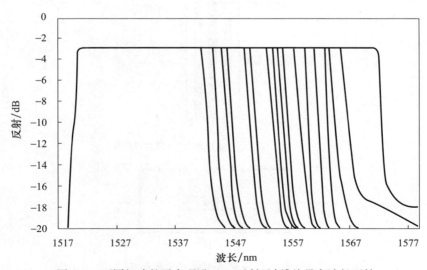

图 9.5　不同切片的平台啁啾 FBG 反射示例[从最高波长开始（所有 FBG 信号均经过 Savitzky - Golay 平滑，为清晰起见，采用序位滤波方法）]

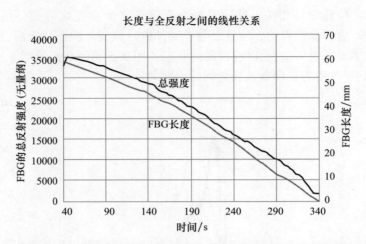

图9.6 光栅上波长与其所在位置的线性关系以及线性强度与FBG丢失部分的线性关系

9.2 试验结果

使用图9.7中的装置测试获得了代表性结果,其中的装置包括:

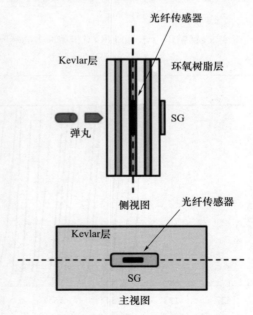

图9.7 4层Kevlar/环氧树脂
(a)横截面侧视图的应变仪和FBG(冲击试验后的示例,79号);(b)俯视图。

(1) 4 层 Kevlar 和环氧树脂；
(2) 光纤传感器位于中间；
(3) 背面的应变仪。

碎片模拟物是直径为 2mm 的球形不锈钢弹丸，以 1.5km/s 的速度发射。测量结果如图 9.8 所示。

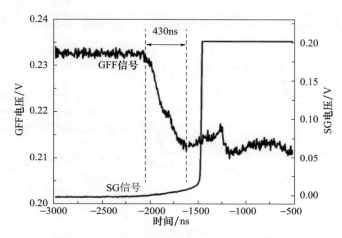

图 9.8　FBG(称为 GFF)和应变仪(SG)的快速响应

从图 9.8 中可以看到，FBG 应变仪的响应之间存在 430ns 的延迟，这是由于弹丸必须穿过光纤和应变仪之间的几毫米厚的隔层。

图 9.9 和图 9.10 展示了撞击前、后完整的 FBG 反射光谱。撞击会破坏光

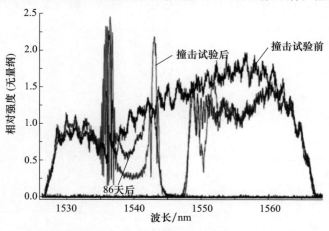

图 9.9　撞击前、后的 FBG 光谱[中间的空白部分为破损部分，撞击后的 FBG 光谱(左侧和右侧)，86 天后的 FBG 光谱(左侧和右侧)]

纤的一小部分(1.2mm),这可以从光谱的缺失部分推断出来。撞击后左、右两侧表现出强烈的应力,86天后有一些恢复(修复)。左侧有两个局部残余应力(峰值强度),应力随时间减小。

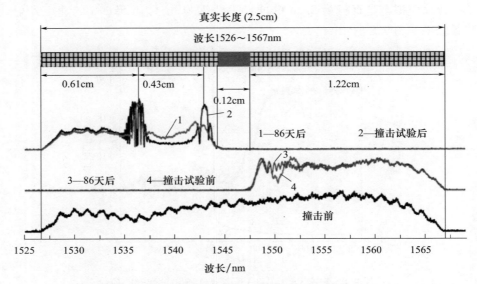

图9.10　级联方式追踪撞击前和撞击后的FBG光谱
（以获得更好的清晰度）

图9.11和图9.12显示了FBG单波长和应变仪快速采集的结果(撞击试验后,75号样品)。在层中间的FBG响应后,4层树脂后面的应变仪250ns响应。

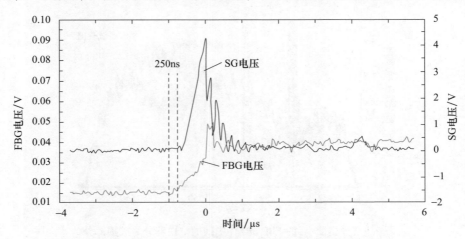

图9.11　FBG(单波长)和应变仪(SG)的快速响应

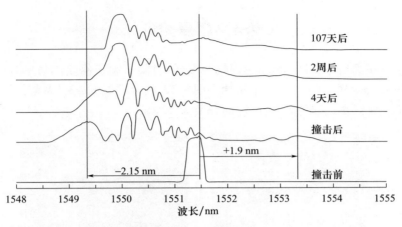

图 9.12 撞击前和撞击后的单波长 FBG 光谱——级联谱
[可以看到一些带有永久诱导应力(波长偏移)的恢复]

表 9.1 显示了撞击试验后测量的第 75 号样品应变的多个 CWL 位移的细节。

单波长传感器的物理尺寸(FBG 长度)约为 10mm。无法确定弹丸击中的确切位置;但可以确定一些局部应变的值,而无需确定它们的位置。在啁啾 FBG 中,可以确定应变的局部位置;然而,在不知道它们值的情况下,仅提供了反射强度变化的定性概念。

表 9.1 撞击试验后仅从测量的多个 CWL 位移得到应变细节

(波长负位移代表压缩值;波长正位移代表舒张值)

初始峰/nm	发生位移峰/nm	压缩值 $\Delta\lambda$/nm	压缩值对应的应变率 $\Delta\varepsilon$/%	舒张值 $\Delta\lambda$/nm	舒张值对应的应变率 $\Delta\varepsilon$/%
1551.4	1549.3	−2.1	−0.173		
	1549.8	−1.6	−0.132		
	1550.1	−1.3	−0.107		
	1550.3	−0.8	−0.091		
	1550.6	−0.5	−0.066		
	1550.9	−0.4	−0.041		
	1551.0	−0.1	−0.033		
	1551.3		-8.2×10^{-3}		
	1552.4			1	0.0823
	1552.8			1.4	0.1152
	1553.3			1.9	0.1564

9.3 修复验证

通过在真空中测试 Kevlar – EMAA 多层试样,来验证修复的气密性。多层试样在 1.33×10^{-4} Pa 的真空中密封。图 9.13 显示了 Kevlar – EMAA 多层试样在冲击后和修复过程中 SEM 图像的细节。

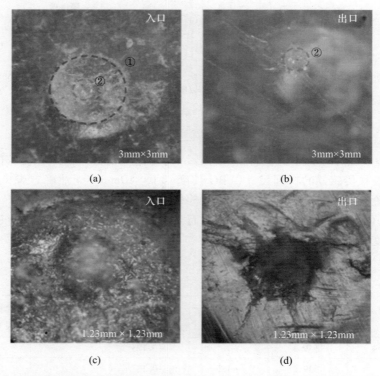

图 9.13 子弹撞击后的样品图片(圆圈①表示子弹撞击后的入口侧的影响区域。
圆圈②表示子弹撞击后的入口位置和出口位置)
(a)子弹撞击后的入口侧;(b)子弹撞击后的出口侧;
(c)图(a)子弹撞击后的入口的放大;(d)图(b)子弹撞击后的出口的放大。

在 ESTEC/ESA 测试中心进行了 X 射线计算机断层扫描测量。这些图像是在 360°范围内以微米分辨率获得的。扫描设置为 104kV 和 155mA。由 ESTEC 实验室提供的后处理软件用于以三维体绘制的形式将所有图像组合在一起。X 射线计算机断层扫描图像可以观测到 EMAA 已经修复,并通过未修复的 Kevlar 跟踪弹丸轨迹(图 9.14)。

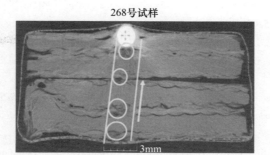

图 9.14 子弹撞击后的 Kevlar – EMAA 多层样品的 X 射线计算机断层扫描图像

9.4 小　　结

本章研究了结合多层效果很好的商业材料作为 COPV 自修复层的可能性。这些材料应包含坚韧的材料层（如 Kevlar、Nextel 等）和自修复材料（如 Surlyn EMAA）。光纤传感器在监测小碎片撞击方面具有开创性的潜在应用。光纤传感器可以监测纳秒级别的极快速度发生的事件，也可以在缓慢的时间级别上监测撞击前后被冲击材料的演变。EMAA、Kevlar/Nextel 和树脂材料的最佳组合将是保护 COPV 的最佳方法。事实上，超高速试验低于大多数空间碎片的速度。本章讨论的结果已经证明，通过采用更高的速度进行测试，并采用完全包覆的 COPV，能够更充分、可行地开展下一步工作。

参考文献

[1] http://www.unoosa.org/oosa/en/ourwork/copuos/index.html.

[2] E. W. Taylor, S. J. McKinney, A. D. Sanchez, et al., 'Gamma – ray induced effects in erbium doped fibre optic amplifiers', *Proceedings of SPIE Conference on Photonics for Space Environments* Ⅵ, San Diego, CA, USA, 1998, **3440**, 16.

[3] B. P. Fox, Z. V. Schneider, K. Simmons – Potter, et al., 'Gamma radiation effects in Yb – doped optical fiber', *Proceedings of SPIE Conference on Fibre Lasers* Ⅳ: Technology, Systems, and Applications, San Jose, CA, USA, 2007, **6453**, 645328.

[4] H. Henschel, O. Köhn and U. Weinand, *IEEE Transactions on Nuclear Science*, 2002, **49**, 3, 1401.

[5] H. Henschel, M. Koerfer, J. Kuhnhenn, U. Weinand and F. Wulf, 'Fibre optic sensor solutions for particle accelerators,' *Proceedings of the SPIE 5855, 17th International Conference on Optical Fibre Sensors*, 23 May 2005, Bruges, Belgium.

[6] K. V. Zotov, M. E. Likhachev, A. L. Tomashuk, et al., *Proceedings of the 9th European Confer-*

ence on Radiation and Its Effects on Components and Systems（RADECS）,*2007*,doi:10.1109/RADECS.2007.5205517.

[7] K. V. Zotov, M. E. Likhachev, A. L. Tomashuk, et al., 'Radiation resistant Er – doped fibers: optimization of pump wavelength', *IEEE Photonics Technology Letters*, 2008, **20**, 17, 1476 – 1478.

[8] F. Berghmansa, A. F. Fernandeza, B. Bricharda, et al., *Proceedings of SPIE International Symposium on Industrial and Environmental Monitors and Biosensors Harsh Environment Sensors*, 1998, **3538**, 28.

[9] A. I. Gusarov, F. Berghmans, O. Deparis, et al., 'High total dose radiation effects on temperature sensing fiber Bragg gratings', *IEEE Photonics Technology Letters*, 1999, **11**, 9, 1159 – 1161.

[10] E. W. Taylor, *Proceedings of the 1999 IEEE Aerospace Conference*, 1999, **3**, 307.

[11] A. Gusarov, D. Kinet, C. Caucheteur, M. Wuilpart and P. Megret, *IEEE Transactions on Nuclear Science*, 2010, **57**, 6, 3775.

[12] A. Gusarov, B. Brichard and D. Nikogosyan, *IEEE Transactions on Nuclear Science*, 2010, **57**, 4, 2024.

第 10 章

结论和展望

在本书中,已经展示了一系列与各种自修复概念和系统相关的最新成果。自修复材料的研究是一个活跃而令人兴奋的领域,每年都有越来越多文章发表。本书的这项研究涵盖了广泛的、不同的材料和方法。例如,使用植入的玻璃纤维修复混凝土结构,最近在聚合物复合材料中使用形状记忆合金丝进行的修复工作,和/或使用多维微脉管网络进行的修复工作。我们也正在探索不同的途径,总体目标都是延长复合结构材料的功能寿命。毫不夸张地说,所取得的成果令人震惊。

鉴于学术界和商业界研究人员对中空纤维和微胶囊化自修复聚合物开发方法的浓厚兴趣,新型自修复技术在过去 10 年中飞速发展,并且发展速度越来越快。事实上,近年来,在开创性的自修复纳米系统设计领域,已经展示出了广阔的前景。计算机模拟提供了有益的辅助,帮助科学家们尽善尽美地设计、制造修复系统。从自修复复合材料的想法发散,研究已经扩展到不同的领域:

(1)使用液态金属或小型纳米管的电子电路;

(2)利用太阳能的化学过程;

(3)基于石墨烯材料的自我修复;

(4)用于空间中充气结构的环氧树脂固化;

(5)一旦受到阳光照射,可自修复划痕的涂料。

在复合材料领域,人为引起的小裂纹的修复已经在非常广泛的领域获得了优异的效果,举例如下:

(1)即时发生的现象(如鸟撞飞机);

(2)超快速发生的现象(如模拟空间碎片的超高速撞击测试)保护结构;

(3)非常恶劣的环境变化(如热冲击)。

目前正在使用各种的修复剂和修复材料,包括以下几种:

(1)通过复分解聚合的单体,用于复合材料;

(2)用于金属表面防腐的微胶囊;

(3) 陶瓷基材料,如用作具有高耐热能力的大气层再入飞行器的涂层;
(4) 应用于电子电路的液态金属;
(5) 抗子弹的和某些情况下抗空间碎片的弹性体;
(6) 碳纳米管(CNT),用作增加材料强度的添加剂。

展望未来,正如本书已经讨论过的,材料的耐久性可能是当今结构和涂层应用面临的主要挑战之一。材料退化的原因多种多样,如疲劳载荷、热效应、腐蚀,或更普遍地是由于各种环境影响。材料失效通常从纳米级开始,然后放大到宏观级,直到发生灾难性故障。因此,理想的解决方案是阻止和/或消除发生在纳米/微米级的损坏,并恢复材料的原始特性。

已经看到,修复过程可以通过外部能量源(刺激)来启动,如子弹穿透[1]的情况所示,其中弹道冲击导致材料局部加热,从而激发离聚物自修复,另一种情况,则是汽车行业使用的自修复涂料。在后一种情况下,可以通过太阳能加热,来修复小的划痕[2]。已经证明,在室温下,聚甲基丙烯酸甲酯样品中形成的单个裂纹,在玻璃化转变温度以上完全恢复[3-5]。力学敏感聚合物中非共价氢键[6]的存在,则允许主要化学键的重排,因此它们也可用于自修复。数值研究还表明,通过稳定和不稳定的键在宏观网络中相互连接的纳米级凝胶颗粒,同样也具有用于自修复的应用潜力。

然而,迄今为止,当前使用的所有技术都受到容器尺寸的限制。容器应在纳米级范围内,因为较大的容器可能会导致较大的空腔,这可能会损害主体结构材料的力学性能,以及涂层材料的被动保护性能[7]。此外,先进材料要么设计为坚韧的,要么设计为具有自修复能力的,但通常不会两者兼而有之。如果有一种材料,它可以同时更坚韧,并且可以自修复,那是最理想的,但目前的技术尚无法做到这一点。

碳纳米管(CNT)被认为是用于增强力学性能的理想填充材料以及理想的分子存储装置。这是因为 CNT 非常小,因此它们具有极大的比表面积。碳纳米管具有有趣的机械和化学性质,并且具有中空管状结构。聚合物/碳纳米管复合材料[8]已经显示出许多有前景的结果,并且各种材料,如氢[9]、金属和/或金属碳化物[10]、富勒烯[11]、甲烷[12]和 DNA[13],已成功插入碳纳米管。尽管已经对 CNT 作为自存储设备进行了大量工作,但将 CNT 作为用于自修复应用的纳米储存容器,尚未进行研究。

该应用的主要挑战是如何将分子插入碳纳米管,在其延展过程中,碳纳米管的侧壁是否会形成裂纹,以及当裂纹形成时,修复剂是否会流出碳纳米管。Lanzara 等[14]通过分子动力学研究了将 CNT 作为纳米储存容器用于自修复,特别关注了 CNT 输送修复剂的能力。该作者的研究结果表明,碳纳米管不仅能够携带能够催化的修复剂进行局部修复,而且还可以起到填充材料的作用,无论在活性材料输送前还是输送后,同时增强力学性能。在这种背景下,值得注意的是 Stoffa 等关于固体氧化物燃料电池(SOFC)的自修复密封的工作[15]。作者使用氧化钇稳定氧化锆(YSZ)作为填充物,用于制造玻璃复合材料作为 SOFC 的自修复密封材料。YSZ 玻璃系统成功通过了高达 1000℃甚至更高温度的测试。事实上,SOFC 可以防止燃料和氧化剂流以及反应物在高温(>800℃)下的泄漏。在反应过程中,密封材料需要电绝缘,并且具有机械和化学稳定性。事实上,美国洛斯阿拉莫斯国家实验室的一个研究小组通过模拟证明,当中子造成损伤时,钨层将促进空位-间隙复合,从而减少进入聚变反应堆的空隙[16]。最近,日本的一个小组开发了一种氧化铒绝缘涂层,用于自修复锂/钒合金型聚变包层[17]。从长远来看,通过分子设计合成具有内在自修复功能的聚合物将是革命性的。最近的探索表明了这一趋势的前景,但自动触发机制仍有待解决。如果这些问题得到解决,必将推动高分子科学与工程研究迅猛发展。

参考文献

[1] R. J. Varley and S. Van der Zwaag, *Acta Materialia*, 2008, **56**, 19, 5737.

[2] S. van Der Zwaag, *Self – healing Materials – An Alternative Approach to 20 Centuries Materials Science*, Eds., S. van der Zwaag, Springer, Dordrecht, the Netherlands 2007.

[3] K. Jud, H. H. Kausch and J. G. Williams, *Journal of Materials Science*, 1981, **16**, 1, 204.

[4] H. H. Kausch, and K. Jud, *Plastics and Rubber Processing and Applications*, 1982, **2**, 3, 265.

[5] H. H. Kausch, *Pure and Applied Chemistry*, 1983, **55**, 5, 833.

[6] R. P. Sijbesma, F. H. Beijer, L. Brunsveld, et al., *Science*, 1997, **278**, 5343, 1601.

[7] M. Zako and N. Takano, *Journal of Intelligent Material Systems and Structures*, 1999, **10**, 10, 836.

[8] J. N. Coleman, U. Khan and Y. K. Gun'ko, *Advanced Materials*, 2006, **18**, 6, 689.

[9] C. Liu, Y. Y. Fan, M. Liu, H. T. Cong, H. M. Cheng and M. S. Dresselhaus, *Science*, 1999, **286**, 5442, 1127.

[10] C. Guerret – Piécourt, Y. Le Bouar, A. Lolseau and H. Pascard, *Nature*, 1994, **372**, 6508, 761.

[11] Y. Xue and M. Chen, *Materials Research Society Proceedings*, 2005, **899**, 3.

[12] B. Ni, S. B. Sinnott, P. T. Mikulski and J. A. Harrison, *Physical Review Letters*, 2002, **88**, 20, 205505.

[13] H. Gao, Y. Kong, D. Cui and C. S. Ozkan, *Nano Letters*, 2003, **3**, 4, 471.

[14] G. Lanzara, Y. Yoon, H. Liu, S. Peng and W – I. Lee, *Nanotechnology*, 2009, **20**, 33, 335704.

[15] R. N. Singh, *Innovative Self – healing Seals for Solid Oxide Fuel Cells (SOFFC)*, *Final Report DOE Award # DE – 09FE001390*, University of Cincinnati, OH, submitted to

U. S. Department of Energy National Energy Technology Laboratory, Pittsburgh, PA, 2012. Available at: https://www.osti.gov/servlets/purl/1054518.

[16] V. Borovikov, X. Z. Tang, D. Perez, X. M. Bai, B. P. Uberuaga and A. F. Voter, *Nuclear Fusion*, 2013, **53**, 6, 063001.

[17] Z. Yao, A. Suzuki, T. Muroga and T. Nagasaka, *Fusion Engineering and Design*, 2006, **81**, 23-24, 2887.